陕西省突发环境事件应急响应与处置

杨 震 武 鹏 张霖琳 主编

马文鹏 副主编

U0364672

化学工业出版社

·北京·

内容简介

　　《陕西省突发环境事件应急响应与处置》以突发环境事件现场处置为具体场景，对应急处置工作进行细化完善，包括应急值守、应急响应、现场处置、主要污染物处置技术方法等 4 大部分及相关附录，明确了应急应对处置要点及步骤，规范了突发环境事件应对全流程。全书实践性和指导性强，书中的数据和处置方法适用于无专业人士在场的情况下作为参考，具体决策应依据现场监测数据和专业人士意见。

　　本书内容是根据多年处置各类突发环境污染应急事件的相关人员实践经验的总结编写而成，具有流程完整、清晰、合理，实例翔实，指导性强等特点。本书可供相关政府机构管理人员和企事业单位工作人员作为预防污染应急事故和处置环境污染应急事故的工作指导书。

图书在版编目（CIP）数据

陕西省突发环境事件应急响应与处置／杨震，武鹏，

张霖琳主编. -- 北京：化学工业出版社，2025.3.

ISBN 978-7-122-47226-7

Ⅰ. X507

中国国家版本馆 CIP 数据核字第 20250KE781 号

责任编辑：满悦芝　　　　文字编辑：贾羽茜　杨振美
责任校对：刘　一　　　　装帧设计：张　辉

出版发行：化学工业出版社
　　　　　（北京市东城区青年湖南街 13 号　邮政编码 100011）
印　　装：北京科印技术咨询服务有限公司数码印刷分部
710mm×1000mm　1/16　印张 8¾　字数 118 千字
2025 年 4 月北京第 1 版第 1 次印刷

购书咨询：010-64518888　　　　售后服务：010-64518899
网　　址：http://www.cip.com.cn
凡购买本书，如有缺损质量问题，本社销售中心负责调换。

定　　价：49.80 元　　　　　　　版权所有　违者必究

本书编写人员名单

主　编：杨　震　武　鹏　张霖琳

副主编：马文鹏

参　编：魏新军　王新涛　牟录科　冯举元　郭　峰
　　　　杨玉珍　曹　磊　裴晓龙　张秦铭　王　斐
　　　　张　宇　张　淳　念娟妮　程俊侠　王一博
　　　　张会强　贾　佳　刘　敏　白　昭　张　鑫
　　　　宋　蓓　郭晋君　李　婷

编制说明

陕西省地跨黄河、长江两大流域，按自然地理分为三大区域。中部关中平原是主要的工农业生产和科研教育基地；北部黄土高原是煤炭、石油、天然气富集区，面临着开发与保护的挑战；南部秦巴山区是我国南水北调中线水源的重要涵养区和主要生态功能区。区域内生态环境形势十分严峻，生态安全和环境保护工作责任重大。

近年来，陕西省各级生态环境部门履职尽责，妥善处置各类突发环境事件，最大限度地降低环境污染损害，在环境应急管理工作中积累了丰富的实践经验。为了进一步规范突发环境事件的应急处置管理和技术要求，推动新形势下我省突发环境事件应急工作机制的不断完善，切实提高各类环境污染事故应急应对和处置能力，根据现行有关法律法规和全省实际，我们编写了本书。

本书以突发环境事件现场处置为具体场景，对应急处置工作进行细化完善，包括应急值守、应急响应、现场处置、主要污染物处置技术方法等及相关附件，明确了应急应对处置要点及步骤，规范了突发环境事件应对全流程。

本书适用于陕西省行政区域范围内发生的突发环境事件，核设施及有关核活动发生的核事故所造成的突发辐射污染事件按照其他相关规定执行。重污染天气突发环境事件的应对工作按照《陕西省重污染天气应急预案》执行。

本书中的数据和处置方法适用于无专业人士在场的情况下作为参考，具体决策应依据现场监测数据和专业人士意见。

编者

目　录

第 1 章　应急值守 ·· 1

　1.1　主要任务 ··· 2

　1.2　工作要点与流程 ·· 2

　　1.2.1　接报 ··· 2

　　1.2.2　调度核实 ··· 2

　　1.2.3　研判态势 ··· 3

第 2 章　应急响应 ·· 4

　2.1　应急响应工作原则 ··· 5

　　2.1.1　应急响应中各级生态环境部门主要工作 ································ 5

　　2.1.2　应急响应中应遵循的原则 ·· 5

　2.2　应急响应工作流程 ··· 6

　　2.2.1　建议预警 ··· 6

　　2.2.2　启动预案 ··· 6

　　2.2.3　现场处置 ··· 6

　2.3　应急响应信息报告 ··· 8

　　2.3.1　报告原则和时限 ·· 8

　　2.3.2　信息报告种类 ··· 8

　2.4　应急响应运行 ·· 9

　　2.4.1　预警 ··· 9

　　2.4.2　启动应急预案 ··· 9

　　2.4.3　成立应急指挥部 ··· 10

　　2.4.4　信息通报与发布 ··· 10

2.5　应急监测 ·· 11

　　2.5.1　制定应急监测方案 ······································ 11

　　2.5.2　确定监测项目 ·· 11

　　2.5.3　确定监测范围 ·· 12

　　2.5.4　监测布点 ·· 12

　　2.5.5　现场采样与现场监测 ···································· 13

第 3 章　现场处置 ··· **14**

3.1　控制和消除污染 ·· 15

　　3.1.1　污染源排查 ·· 15

　　3.1.2　污染源排查的一般程序和内容 ···························· 15

　　3.1.3　切断与控制污染源 ······································ 15

　　3.1.4　减轻与消除污染 ·· 16

3.2　常见现场处置措施 ·· 16

　　3.2.1　突发水污染事件应急处置工程技术要点 ···················· 16

　　3.2.2　跨界流域突发水污染事件应急处置原则 ···················· 22

　　3.2.3　交通事故引发突发环境事件应急处置措施 ·················· 22

3.3　应急终止 ·· 24

　　3.3.1　应急终止的条件 ·· 24

　　3.3.2　应急终止的程序 ·· 24

第 4 章　主要污染物处置技术方法 ······································· **25**

4.1　苯系物 ·· 26

　　4.1.1　苯系物理化特征 ·· 26

　　4.1.2　苯系物处置方法 ·· 26

4.2　石油类 ·· 27

　　4.2.1　石油类理化特征 ·· 27

　　4.2.2　石油类处置方法 ·· 27

4.3　重金属类 ·· 29

　　4.3.1　重金属类理化特征 ······································ 29

　　4.3.2　重金属类处置方法 ······································ 29

4.4　氨氮类 ·· 31

　　4.4.1　氨氮类理化特征 ································· 31

　　4.4.2　氨氮类处置方法 ································· 31

4.5　常用危险化学品应急处置方法 ················· 31

　　4.5.1　危险化学品处置要点 ························· 31

　　4.5.2　污染物收集 ······································· 37

附录 ··· **38**

附录一　应急值守接报记录单 ······························· 39

附录二　突发环境事件调度记录单 ························· 40

附录三　突发环境事件信息专报（初报） ·············· 41

附录四　突发环境事件信息专报（续报） ·············· 43

附录五　突发环境事件信息专报（终报） ·············· 44

附录六　突发环境事件应急监测方案和环境应急监测报告 ·············· 46

附录七　典型风险物质应急处置信息卡 ················· 54

附录八　突发环境事件信息报告办法 ···················· 72

附录九　突发环境事件调查处理办法 ···················· 78

附录十　突发环境事件应急管理办法 ···················· 84

附录十一　企业突发环境事件隐患排查和治理工作指南（试行） ·············· 92

附录十二　企业事业单位突发环境事件应急预案评审工作指南（试行） ·············· 102

附录十三　流域突发水污染事件环境应急"南阳实践"实施技术指南 ·············· 120

第1章
应急值守

1.1 主要任务

传达落实上级关于突发环境事件的指示批示要求，指导督促地方做好应急处置工作；及时搜集处理各种渠道获取的突发环境事件信息；调度核实事件基本情况；组织开展会商，研判事态进展和环境影响；编写《突发环境事件信息专报》，并按程序报审上报；统筹协调其他相关工作。

1.2 工作要点与流程

1.2.1 接报

值守人员应当及时处理以下各渠道接报的突发环境事件相关信息，并做好记录。

① 上级生态环境部门调度的突发环境事件应急指令及领导指示批示；

② 其他部门通报的突发环境事件相关信息；

③ 下级生态环境部门报告的突发环境事件信息；

④ 通过新闻媒体、陕西省生态环境厅舆情快报、"12345"热线、陕西省环境投诉举报管理系统平台等渠道获取的突发环境事件相关信息；

⑤ 其他途径获取的突发环境事件信息。

通过电话接报的，应同时做好书面记录，包括但不限于以下内容：接报时间、来电单位、基本情况、报告人姓名及联系方式等（模板见附录一）。

1.2.2 调度核实

获悉突发环境事件相关信息后，值守人员应立即报告处（科）负责人，并向相关下级生态环境部门或事发企业调度核实事件情况。必要时可越级向下级生态环境部门或事发企业进行调度核实。调度内容包括：

事件发生时间、地点、原因、基本过程，主要污染物种类和数量，周边饮用水水源地等环境敏感点分布及受影响情况，监测布点和监测结果，事件处置情况，人员受害及疏散转移情况，事态发展趋势，信息报告和通报情况，下一步工作计划，等等（模板见附录二）。

下级生态环境主管部门上报的突发环境事件信息，应以其正式报告为准。情况紧急时，可通过电话、短信、微信等方式报告，并及时补充正式报告。

1.2.3　研判态势

根据事件调度核实情况，研判事件发展态势和环境影响，提出措施建议，初步判断情况严重或敏感的（包括但不限于以下 6 类情况），负责应急工作的同志及时向分管领导报告，提出派工作组赶赴现场的建议。

6 类情况具体包括：

① 党中央、国务院、生态环境部、省委、省政府领导同志作出批示的突发环境事件；

② 超出事发地应对能力，需要上级生态环境系统响应的事件；

③ 可能发展成为较大级别以上的突发环境事件；

④ 社会关注度高的突发环境事件；

⑤ 可能造成饮用水水源地、重要河流水质超标或跨界污染的突发环境事件；

⑥ 地方上报情况不清或前期处置不力的突发环境事件。

初步研判事件影响不大，无须派员赶赴现场的，持续调度关注，直至事件处置完毕。

第2章
应急响应

2.1 应急响应工作原则

突发环境事件的应急响应工作是一个复杂的系统工程，每一个环节可能需要牵涉到方方面面的政府部门和救援力量。依据属地管理、分级负责的原则，事发地县级以上地方人民政府及其相关部门在事件应急工作中起主导作用，各相关部门按照职责分工承担应急工作。

2.1.1 应急响应中各级生态环境部门主要工作

① 参与现场应急指挥部的应急指挥、协调、调度工作。

② 负责突发环境事件接报、报告、应急监测、污染源排查、调查取证，向受影响的毗邻生态环境部门通报相关情况等工作。

③ 根据现场调查情况及专家组意见对事态评估、信息发布、级别判断、污染物扩散趋势分析、污染控制、现场应急处置、人员防护、隔离疏散、抢险救援、应急终止及污染损害赔偿等工作提出建议。

2.1.2 应急响应中应遵循的原则

① 以人为本，减少危害。切实履行政府的社会管理和公共服务职能，把保障公众健康和生命财产安全作为首要任务，最大程度地保障公众健康，保护人民群众生命财产安全。

② 依法应急，规范处置。依据有关法律和行政法规，加强应急管理，维护公众合法环境权益，使应对突发环境事件工作规范化、制度化、法制化。

③ 统一领导，协调一致。在各级党委、政府的统一领导下，充分发挥生态环境部门优势，切实履行工作职责，形成统一指挥、各负其责、协调有序、反应灵敏、运转高效的应急指挥机制。

④ 属地为主，分级响应。坚持属地管理原则，充分发挥基层党委、政府的主导作用，动员乡镇、社区、企事业单位和社会团体的力量，形成上下一致、主从清晰、指导有力、配合密切的应急处置机制。

⑤ 专家指导，科学处置。采用先进的环境监测、预测和应急处置技术及设施，充分发挥专家队伍和专业人员的作用，提高应对突发环境

事件的科技水平和指挥能力，避免发生次生、衍生事件，最大程度地消除或减轻环境污染事件造成的中长期影响。

2.2 应急响应工作流程

应对突发环境事件，生态环境部门必须遵照统一的程序，做到程序规范、过程清晰，参与工作不缺位、不越位，在处置工作中发挥生态环境部门应有的作用。

2.2.1 建议预警

根据有关规定，提出预警级别建议。生态环境部门相关人员到位，做好参与应急处置准备工作。

2.2.2 启动预案

生态环境部门按规定启动部门预案，并在应急指挥部的统一领导下，遴选和推荐有关专家，成立专家组，发挥专家在突发环境事件中的指导作用，做好应急响应各环节工作。

2.2.3 现场处置

调动生态环境监测和执法等力量，在应急监测、污染源排查、调查取证、污染预测、事态评估等方面发挥主导作用；同时根据应急指挥部的安排，积极参与人员救护、疏散、抢险、群众防护、后勤保障等工作；积极发挥主观能动性，在污染处置中根据实际情况随时向应急指挥部提供信息发布等方面的措施建议；根据监测数据等有关环境状况信息，适时向应急指挥部提出应急终止的建议。

① 应急响应的主要环节和工作程序。接报、研判、报告、预警、启动应急预案、成立应急指挥部、成立现场指挥部、开展应急处置各项工作、应急终止（图 2-1）。

② 上级生态环境部门应急工作指导。上级生态环境部门根据现场应急需要，派出前方工作组或通过电话、文件等方式对现场应急工作进行指导。

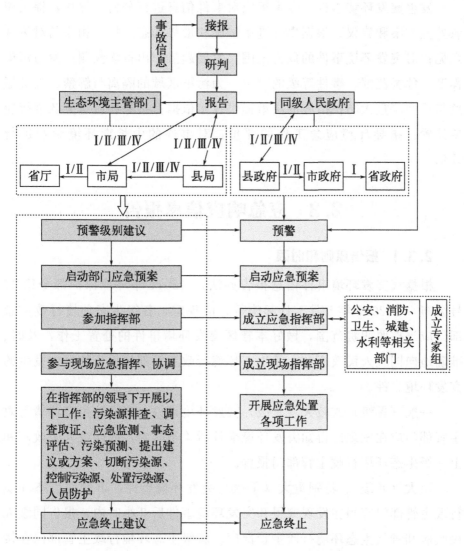

图 2-1 突发环境事件应急响应工作程序图

③ 专家组应急工作指导。各级生态环境部门根据突发环境事件应急工作需要，向指挥部提出专家组组成人员建议，专家组人员一般情况下应从专家库选取。专家库一般应包括监测、危险化学品、生态保护、环境评估、卫生、化工、水利、水文、气象、农业等方面专家。

应急指挥部根据现场应急工作需要组成专家组，参与突发环境事件应急工作，指导突发环境事件应急处置，为应急处置提供决策依据。

发生突发环境事件，专家组应对事件信息进行分析、评估，提出应急处置方案和建议；根据事件进展情况和形势动态，提出相应的对策和意见；对突发环境事件的危害范围、发展趋势作出科学预测；参与污染程度、危害范围、事件等级的判定，为污染区域的隔离与解禁、人员撤离与返回等重大防护措施的决策提供技术依据；指导各应急分队进行应急处置；指导环境应急工作的评价，对事件的中长期环境影响进行评估。

2.3　应急响应信息报告

2.3.1　报告原则和时限

根据《突发环境事件信息报告办法》（2011 年环境保护部令第 17 号公布，自 2011 年 5 月 1 日起施行）的规定，各级生态环境行政主管部门应当按照职责范围，做好本辖区突发环境事件的处置工作，及时、准确地向同级人民政府和上级生态环境行政主管部门报告辖区内发生的突发环境事件。

一般（Ⅳ级）或较大（Ⅲ级）突发环境事件，事发地生态环境行政主管部门应在发现或得知突发环境事件后 4 小时内，向同级人民政府和上一级生态环境行政主管部门报告。

重大（Ⅱ级）、特别重大（Ⅰ级）突发环境事件，事发地生态环境行政主管部门应当在发现或得知突发环境事件后 2 小时内，报告同级人民政府和省级生态环境行政主管部门。省级生态环境行政主管部门在接到报告后，应当进行核实，并在 1 小时内报告生态环境部。

突发环境事件处置过程中事件级别（突发环境事件分级标准见附件十中的附录）发生变化的，应当按照变化后的级别报告。

2.3.2　信息报告种类

突发环境事件的报告分为初报、续报和终报三类。情况紧急的，可先通过电话口头报告，并在一小时内补充书面报告。上级有明确报送时限要求的，要严格按要求报送。

初报。可用电话直接报告，随后补充文字报告，主要内容包括：环境污染事件的发生时间和地点、污染原因、主要污染物质及数量、人员受害情况、是否威胁饮用水水源地或居民区等环境敏感区安全、事故类型、事件级别、信息通报与发布情况、事件潜在的危害程度、转化方式趋向等情况，以及信息来源、报告人、现场工作人员及联系方式等（模板见附录三）。

续报。事件处置过程中，密切跟踪事态进展，及时报送信息。以书面形式，在初报的基础上报告环境监测数据，事件发生的原因、过程、进展情况、趋势，采取的应急措施，社会舆论等内容（模板见附录四）。

终报。事件应急处置结束后，应及时终报。终报以书面形式报告事件发生的原因、采取的措施、处置过程和结果、责任追究情况、事件潜在或间接的危害、社会影响、处置后的遗留问题等情况（模板见附录五）。

做好事件处置进展续报、领导同志批示落实情况报告，并做好现场图像、视频等影像信息的收集报送工作。

2.4　应急响应运行

2.4.1　预警

按照突发环境事件的严重性、紧急程度和可能波及的范围，突发环境事件的预警分为四级，由高到低依次用红色、橙色、黄色、蓝色表示。根据事态的发展情况和采取措施的效果，预警级别可以升级、降级或解除。

蓝色预警由县级人民政府发布。

黄色预警由市（区）级人民政府发布。

橙色预警由省级人民政府发布。

红色预警由事发地省级人民政府根据国务院授权发布。

2.4.2　启动应急预案

当发布蓝色预警或确认发生一般级别以上突发环境事件时，当地县级政府应启动县级突发环境事件应急预案。

当发布黄色预警或确认发生较大以上级别突发环境事件以及一般突发环境事件产生跨县级行政区域影响时,当地市级人民政府应启动市级突发环境事件应急预案。

当发布橙色、红色预警或确认发生重大以上级别突发环境事件时,省级人民政府应启动省级突发环境事件应急预案。

当发布红色预警或确认发生特别重大突发环境事件以及发生跨国界突发环境事件时,应启动国家突发环境事件应急预案。

2.4.3 成立应急指挥部

突发环境事件应急指挥部是处置突发环境事件的领导机构。指挥部由县级以上政府主要领导担任总指挥,成员由各相关政府和有关部门、企业负责人及专家组成。主要负责突发环境事件应急工作的组织、协调、指挥和调度。

应急指挥部负责组织指挥各成员单位开展突发环境事件的应急处置工作,设置应急处置现场指挥部,组织有关专家对突发环境事件应急处置工作提供技术和决策支持,负责确定向公众发布事件信息的时间和内容,事件终止认定及宣布事件影响解除,同时将有关情况向上级报告。

应急指挥部可根据污染事件的类型,下设相应的协调小组,在指挥部的统一领导下,具体开展应急处置工作。

2.4.4 信息通报与发布

(1)信息通报

① 发生突发环境事件涉事单位,应及时向属地人民政府及相关部门通报突发环境事件的情况。

发生跨界突发环境事件,当地人民政府及相关部门在应急响应的同时,应当及时向毗邻和可能波及的地区人民政府及相关部门通报突发环境事件的情况。

② 接到通报的人民政府及相关部门,应当视情况及时通知本行政区域内有关部门采取必要措施,并及时向上级人民政府及相关部门报告。

（2）信息发布

应急指挥部（人民政府）负责突发环境事件信息的统一发布工作。信息发布要及时、准确，正确引导社会舆论。对于较为复杂的事故，可分阶段发布。跨行政区域突发环境事件的信息发布，应相互沟通，避免信息不对称情况的发生。

2.5 应急监测

应急监测是各级生态环境部门在应急工作中的重要法定职责。各级生态环境部门在现场应急指挥部的统一领导下组织开展应急监测工作。

突发环境事件应急监测是环境监测人员在事件可能影响区域，按照监测规范，第一时间制定应急监测方案，调配应急监测人员、设备及车辆，对污染物质的种类、数量、浓度、影响范围进行监测，分析变化趋势及可能的危害，为应急处置工作提供决策依据。

2.5.1 制定应急监测方案

应急监测方案包括确定监测项目、确定监测范围、布设监测点位、确定监测频次、现场采样、现场与实验室分析、监测过程质量控制、监测数据整理分析、监测过程总结等。并根据处置情况适时调整应急监测方案。

2.5.2 确定监测项目

确定监测项目是应急监测中的技术关键，对突发环境事件控制和处置有举足轻重的作用。突发环境事件从发生源上可分为两类，一类是已知源（包括已知固定源、已知流动源），另一类是未知源。具体监测项目方法为：

① 已知源污染。如果是已知固定源污染，可以从企业的应急预案中获得各种污染物信息，如根据原料、中间体、产品中可能产生污染的物质来确定监测项目；如果是已知流动源污染，可以从移动载体泄漏物中获得可能产生的污染物信息来确定监测项目。

② 未知源污染。这类事件监测项目的确定需从事件的现场特征入

手，结合事件周边的社会、人文、地理及可能产生污染的企事业单位情况，进行综合分析来确定监测项目。必要时需咨询专家意见。

2.5.3　确定监测范围

监测范围确定的原则是尽量涵盖突发环境事件的污染范围。如果监测能力达不到要求，则按照人群密度大及影响人口多优先、环境敏感点或生态脆弱点优先、社会关注点优先、损失额度大优先的原则，确定监测范围。如果突发环境事件有衍生影响，则距离突发环境事件发生时间越长，监测范围越大。

2.5.4　监测布点

应急监测阶段采样点的设置一般以突发环境事件发生地点为中心或源头，结合气象和水文条件，在其扩散方向合理布点，其中环境敏感点、生态脆弱点和社会关注点应有采样点。应急监测不仅应对突发环境事件污染的区域进行采样，同时也应在不会被污染的区域布设对照点位作为环境背景参照，在尚未受到污染的区域布设控制点位，对污染带移动过程形成动态监测。具体方法如下：

①　对固定污染源和流动污染源的监测布点，应根据现场的具体情况、产生污染物的不同工况（部位）或不同容器以及污染物可能的扩散情况分别布设采样点。

②　对江河的监测应在事故地及其下游布点，同时在事故发生地上游一定距离布设对照断面（点）。若江河水流的流速很小或基本静止，可根据污染物的特性沿水流方向在一定间隔的扇形或圆形区域布设采样点，并在不同水层采样。在事故影响区域内饮用水取水口和农灌区取水口处必须设置采样断面（点）。

③　对湖（库）的采样点布设应以事故发生地为中心，按水流方向在一定间隔的扇形或圆形区域布点，并根据污染物的特性在不同水层采样，同时根据水流流向，在其上游适当距离布设对照断面（点）。必要时，在湖（库）出水口和饮用水取水口处设置采样断面（点）。

④　对大气的监测应以事故地点为中心，在下风向按一定间隔的扇形或圆形区域布点，并根据污染物的特性在不同高度采样，同时在事故

点的上风向适当位置设对照点；在可能受污染影响的居民住宅区或人群活动区等敏感点必须设置采样点，采样过程中应注意风向的变化，及时调整采样点位置。

⑤ 对土壤的监测应以事故地点为中心，按一定间隔的圆形布点采样，并根据污染物的特性在不同深度采样，同时采集对照样品，必要时在事故地附近采集作物样品。

⑥ 对地下水的监测应以事故地点为中心，根据本地区地下水流向采用网格法或辐射法布设监测井采样，同时根据地下水主要补给来源，在垂直于地下水流的上流向设置对照监测井采样；在以地下水为饮用水源的取水处必须设置采样点。

⑦ 根据污染物的特性，必要时，对水体应同时布设底质采样断面（点）。

2.5.5　现场采样与现场监测

现场采样应制定计划，采样人必须是专业人员。采样量应同时满足快速监测和实验室监测需要。采样频次主要根据污染状况确定，一般而言，应争取在最短时间内采集有代表性的样品。距离突发环境事件发生时间越短，采样频次应越高。如果突发环境事件有衍生影响，则采样频次应根据水文和气象条件变化与迁移状况形成规律，以增加样品随时空变化的代表性（模板见附录六）。

第3章
现场处置

3.1　控制和消除污染

3.1.1　污染源排查

① 固定源（如生产、使用、贮存危险化学品及危险废物的单位和工业污染源等），可采取对相关单位有关人员（如管理、技术人员和使用人员）进行调查询问的方式，对企业生产工艺、原辅材料、产品等信息进行分析，对事件现场的遗留痕迹跟踪调查分析，以及采样对比分析，确定污染源等。

② 流动源（危险化学品、危险废物运输）所引发的突发性环境污染事件，可通过对运输工具驾驶员、押运员的询问以及危险化学品的外包装、准运证、上岗证、驾驶证、车号等信息，确定运输危险化学品的名称、数量、来源、生产或使用单位；也可通过污染事件现场的一些特征，如气味、挥发性、遇水的反应特性等，初步判断污染物质；通过采样分析，确定污染物质；等等。

3.1.2　污染源排查的一般程序和内容

① 根据接报的有关情况，组织环境执法、监测人员携带执法文书、取证设备，以及有关快速监测设备，立即赶赴现场。

② 根据现场污染的表观现象（包括颜色、气味以及生物指示），初步判定污染物的种类，利用快速监测设备确定特征污染因子及其浓度。

③ 根据特征污染因子，初步确定流域、区域内可能导致污染的行业。

④ 根据污染因子的浓度、梯度关系，初步确定污染范围。

⑤ 根据造成污染的后果，确定污染物量的大小，在确定的范围内，立即排查行业内的有关企业。

⑥ 通过采用调阅运行记录等手段，检查企业排放口、污染处理设施及有关设备的运行状况，最终确定污染源。

3.1.3　切断与控制污染源

通过采取停产、禁排、封堵、关闭等措施切断污染源，通过限产限排、加大治污效果等措施控制污染源。

3.1.4　减轻与消除污染

采用拦截、覆盖、稀释、冷却降温、吸附、吸收等措施防止污染物扩散，采取中和、固化、沉淀、降解、清理等措施减轻或消除污染。

3.2　常见现场处置措施

3.2.1　突发水污染事件应急处置工程技术要点

突发水污染事件应急处置主要包括：溯源分析、源头阻断、截流引流、工程削污、水利调度、供水保障等。

（1）溯源分析

对突发环境事件污染源不明的，应第一时间开展排查工作，以避免持续污染。

① 连续排放污染源溯源。携带便携式监测仪器，沿受污染河道向上游追溯，直至找到特征污染物浓度陡然下降或检测不出的监测断面。在该监测断面附近搜寻疑似肇事企业，检查该厂内堆存物料、废水水质等。当发现特征污染因子在堆存物料或排放废水中异常高时，可初步列为疑似肇事源。

② 一次性排放污染源溯源。分析特征污染物可能存在的行业企业，排查上游疑似企业，了解企业物料来源、成分等，对可疑企业进行现场调查。利用便携式监测仪器监测企业堆存物料、废水水质等。当发现特征污染因子在堆存物料或排放废水中异常高时，可初步列为疑似肇事源。

③ 肇事源的确定。发现疑似肇事源后，需要采集一系列证据，包括特征污染物、总量核算、特征污染物浓度梯度、污染过程峰形、污染物迁移时间序列等多种数据吻合，锁定肇事源。

特征污染物吻合。受污染河道的特征因子与疑似肇事源内堆存的物料成分或废水水质中特征因子相同。

总量核算吻合。核算企业排入外环境的总量、受污染河道排放总量，两者总量应接近。

特征污染物浓度梯度吻合。肇事源废水水质中的特征因子浓度远远高于受污染河道的特征因子浓度。

污染过程峰形吻合。若一次性排放或短时间内连续排放污染，则事发点下游监测断面特征污染因子浓度应呈较完整的正态分布。可根据监测数据进行数据分析，确定污染过程峰形是否吻合。

污染物迁移时间序列吻合。根据河道水文数据和事发点下游监测数据，反演推算肇事源排放时间，确定与企业上报排放时间或疑似排放时间是否吻合。

（2）源头阻断

污染源明确后，首要任务是切断污染源头。切断污染源优先顺序依次为生产设备、工厂围墙内、岸上（污染入河、湖前）、支流或短的河段、河床、较大水域。注意要保障安全并提前做好各项防止污染扩散的准备工作。

（3）截流引流

践行"南阳实践"的经验做法，依靠各类闸坝沟渠构成"空间"。这些闸坝沟渠以永久性为主，必要时选择合适地点，修筑临时性设施。

闸坝沟渠在应急处置中，主要发挥"挡水、排水、引水"三种作用。"挡水"指的是拦蓄污水并阻断或控制上游清水。"排水"指的是控制性排放污水或清水。"引水"指的是通过引流将污染团导引出流动水域或将清水绕过污染团。

总结丹江口试点工作和历史案例，通过挡水、排水、引水的综合运用，可以运用以下十种设施构成"空间"：引水式电站、湿地、干枯河床、江心洲型河道、引水管道、坑塘、槽车、排水管道、连通水道、多级拦截坝。

（4）工程削污

工程削污措施主要涉及筑坝拦截、投药降污等环节。使用工程措施应注意以下事项：（a）满足合法、安全的基本条件；（b）充分考虑防汛或抗旱等限制，尽量减轻对取用水的影响；（c）结合实际、因地制宜、灵活使用；（d）可采取单个或多个组合的方式；（e）关键设施要与其他设施统一调度、协同联动；（f）应急处置结束后，临时修建的设施一般不再保留。

① 筑坝拦截。筑坝主要分为临时土石坝、应急平板支墩坝、特殊功能坝（单一吸附坝、复合吸附坝）三类。

a. 临时土石坝。土石坝填筑必须保证各工序相互衔接，通常采用分段流水作业，其构筑工序主要包括卸料、平料、压实、质检和清理坝面、处理接触缝。筑坝参数需结合应急需求与当地水利部门商定。土石坝常用的有全截留土石坝和溢流土石坝两种。

b. 应急平板支墩坝。突发环境事件应急时，常利用河道中已有拦水坝拦截受污染水体，但这些拦水坝通常难以满足拦截大量污水的需要。这种情况下，可以考虑利用铁丝网、支架、防水布和沙包等简易材料对坝体进行快速加高，有效拦截污染团。首先将铁丝网竖直安装于混凝土坝的顶面，并通过支架对铁丝网进行加固；之后在混凝土坝上游一侧的顶面上和铁丝网上游一侧的侧面上铺设防水布，初步防水挡水；最后在防水布上均匀堆积沙包，形成混凝土挡水坝的加高结构，进行挡水。

c. 特殊功能坝。针对农药、石油等可吸附类有机物泄漏进入河道，可构筑单一或复合吸附坝进行拦截、吸附，降低污染物浓度。吸附材料主要有活性炭（木质、煤质、合成材料活性炭）、吸油毡（棉、条、布、卷）、沸石、天然植物材料（秸秆、稻草、麦草、木屑）等。应用时，根据污染物的性质选择相应的吸附材料。

单一吸附坝。常用的单一吸附坝包括活性炭吸附坝、围油栏、草垛坝等。

复合吸附坝。针对有多种污染物的突发水污染事件，可在单一吸附坝基础上，构筑复合吸附坝进行应急处置。

② 投药降污。

a. 典型特征污染物应急处置工艺。水体重金属和类金属污染时，一般采用化学混凝沉淀法；有机物污染时，一般采用吸附法去除；还原性物质污染时，一般采用化学氧化法去除。

b. 投药工程设施。主要有以下两种。

溶药池。一般为现场土地开挖，最大池深不超过 4 米。单池大小应满足至少 5 小时的投药量（单池面积若因当地土壤性质无法达到此要求时，可成组设置），需设置两个（组）池子交替使用，一个（组）溶药，一个（组）投药，提高效率。池底防水布应加块石压重，以免在池内注水后防水布出现上浮现象。溶药方式可选择潜水泵混合、挖土机搅拌等。

加药管。一般分为穿孔加药管、非字型加药管和多管加药。通常可利用桥梁、闸坝架设，筑坝缩短河道宽度来投加或直接投药。当投药管大于 20 米且每秒投药量小于 20 立方米时建议采用穿孔加药管，否则采用非字型加药管或多管加药。穿孔加药管建议孔间距为 0.2～0.5 米，孔口直径为 10 毫米。当管长较短又欲使用穿孔加药管时，可适当缩小孔间距，或多个穿孔管并行敷设。非字型加药管的孔间距建议大于 1.5 米，具体参数需根据实际情况而定，若现场施工难度较大或投加量较大，也可采用多管直接投加的方式。

（5）水利调度

位于事发点上下游的水库水利调度分三种情形：沿程稀释、回蓄稀释、调水稀释。

沿程稀释。污染物流经路径有支流汇入或污染物从支流汇入干流时为沿程稀释，是突发环境事件中常见的水利调度形式。

回蓄稀释。污染物流经水库时，可根据水库库容情况，选择开闸加快下泄或闭闸回蓄削峰稀释。若预测污染团水量较大、污染浓度较高，该水库库容无法容纳并稀释，则该水库不具备回蓄削峰稀释能力，水闸可正常运转；若预测污染团水量较小，可利用该水库稀释后降低污染物浓度，则可闭闸回蓄削峰稀释。

调水稀释。事发地下游的支流有水库时，可利用该水库进行调水稀释。稀释水下泄量可根据受污染河流水量、水质以及水库库容等计算。

（6）供水保障

饮用水应急处理工艺与河道工程削污工艺相同，其技术具有不同于饮用水常规工艺、深度处理工艺的特点，选择标准包括：原水水质重金属超标 5 倍以内，可实施水厂改造；处理效果显著，不引入二次污染，出水水质应全面满足饮用水水质标准；能与现有水厂常规处理工艺相结合；便于建设，能够快速实施，易于操作；成本适宜，技术经济合理。

在实施自来水厂处理工艺应急改造的过程中，应特别注意各投药点的位置及 pH 值的调节与控制。

① 应对可吸附有机污染物的活性炭吸附技术。在取水口或净水厂进口处投加（推荐在取水口投加）粉末活性炭，吸附去除大部分有机物。可有效去除饮用水标准中涉及的 80 多种污染物。相应的应急处置工艺参数包括吸附时间容量、可承受最大污染倍数。活性炭吸附技术工艺流程见图 3-1。

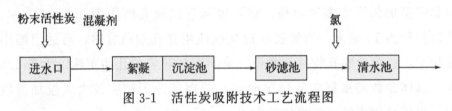

图 3-1　活性炭吸附技术工艺流程图

② 应对金属、非金属污染物的化学沉淀技术。采用化学沉淀法去除金属、非金属污染物，确定针对主要金属、非金属污染物的化学沉淀去除工艺，包括适宜 pH 值、混凝剂的种类和剂量，可有效去除约 30 种金属、非金属污染物。地表水除砷的处理工艺。采用预氯化-铁盐混凝的强化常规处理工艺。先用预氯化把三价砷氧化成五价砷，三价砷不能被混凝沉淀去除；用铁盐混凝剂混凝沉淀去除五价砷，铝盐除砷效果不好。化学沉淀技术工艺流程见图 3-2。

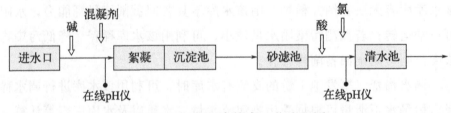

图 3-2　化学沉淀技术工艺流程图

③ 应对还原性污染物的化学氧化技术。对于硫化物、氰化物等还原性污染物，在取水口或净水厂进水处投加氧化剂（如高锰酸钾、氯等），具有很好的去除效果。

控制要点：氧化剂的种类根据污染物确定，投加剂量要根据原水水质变化动态调控。加量过多时，氧化剂过量；加量不足时，反应不完全。并应注意氧化带来的次生污染问题。化学氧化技术工艺流程见图3-3。

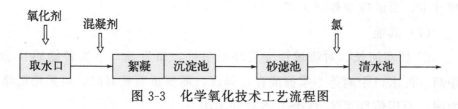

图 3-3　化学氧化技术工艺流程图

④ 应对微生物污染的强化消毒技术。被医疗污水、生活污水污染的水源水，有机污染严重的水源水中生物过量繁殖。可采用强化消毒技术，通过增加消毒剂投加剂量和保持较长的消毒接触时间等方法，确保供水水质的微生物安全性。首选消毒剂为氯，稳定型二氧化氯也可以考虑；臭氧、紫外消毒须现场安装设备，应急事件中不便采用。强化消毒技术工艺流程见图3-4。

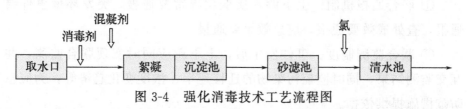

图 3-4　强化消毒技术工艺流程图

⑤ 应对挥发性污染物的曝气吹脱技术。对于难吸附和氧化的挥发性污染物（如卤代烃类等），在取水口外水源地设置应急曝气设备，吹脱去除。曝气吹脱的主要缺点是需要设置曝气设备，应用受到现场条件限制。曝气吹脱技术工艺流程见图3-5。

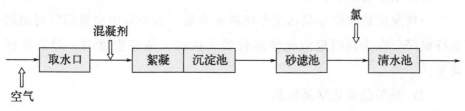

图 3-5　曝气吹脱技术工艺流程图

⑥ 应对高藻水源水及其特征污染物（藻、藻毒素、嗅味）的综合处理技术。高藻水的主要问题：藻、代谢毒性物质（藻毒素等）、代谢致臭物质（2-甲基异莰醇、土臭素等）、腐败恶臭物质（硫醇、硫醚类等）。必须确定主要污染物种类，再根据其去除特性，综合采用多种处理技术，形成应急处置工艺。

（7）其他

① 核实河长。对流域性突发环境事件，事发地与下游各敏感目标距离、汇水口距离等不掌握或存在异议，需要重新核对时，可采用奥维地图、地理信息系统（GIS）等软件实测。

② 核算泄漏量。针对泄漏引起的突发环境事件，应核算泄漏量，为处置决策提供参考。可采用通量计算法，即选择离事发点较近且有流量流速数据的监测断面，核算该断面通过的特征污染物总量，再根据泄漏物质形态、固液比等因素，确定泄漏量。

3.2.2 跨界流域突发水污染事件应急处置原则

① 联合通报机制：上下游水质变化异常要通报，突发环境事件要通报，查处成效要通报，应急效果要通报。

② 联合监测制度：事件发生后，上下游应同时实现联合监测，并互交监测结果，同时监控污染物的迁移速率、浓度变化趋势等，为应急防范措施提供依据。

③ 联合防控制度：同时实施同类污染源禁排、限排措施，同时实施污染物的削减措施，同时实施自来水厂和水井保护措施。

3.2.3 交通事故引发突发环境事件应急处置措施

（1）划定紧急隔离带

一旦发生危险化学品运输车辆泄漏事故，首先应由交警部门对道路进行戒严，在未判明危险化学品种类、性状、危害程度时，严禁半幅通车。

（2）判明危险化学品种类

立即进行现场勘察，通过向当事人询问、查看运载记录、利用应急监测设备等方法迅速判明危险化学品种类、危害程度、扩散方式。根据事故点地形地貌、气象条件，依据污染扩散模型，确定合理警戒区域。

（3）迅速查明敏感目标

在现场勘察的同时，迅速查明事故点周围敏感目标，包括：1 公里范围内的居民区（村庄）、公共场所、河流、水库、水源、交通要道等。为防止污染物进入水体造成次生污染和群众转移做好前期准备工作。

（4）处置措施

气态污染物。修筑围堰后，由消防部门在消防水中加入适当比例的洗消药剂，在下风向用喷雾状中和剂洗消，消防废水收集后进行无害化处理。常见毒气与可使用的中和剂见表 3-1。

表 3-1　常见毒气与可使用的中和剂

毒气名称	中和剂
氨气	水
一氧化碳	苏打等碱性溶液、氯化铜溶液
氯气	消石灰及其溶液、苏打等碱性溶液
氯化氢	水、苏打等碱性溶液
氯甲烷	氨水
液化石油气	大量的水
氰化氢	苏打等碱性溶液
硫化氢	苏打等碱性溶液、水
碳酰氯（光气）	苏打、碳酸钙等碱性溶液
氟	水

液态污染物。修筑围堰，防止进入水体和下水管道，利用消防泡沫覆盖或就近取用黄土覆盖，收集污染物进行无害化处理。在有条件的情况下，利用防爆泵进行倒罐处置。

固态污染物。易爆品：水浸湿后，用不产生火花的木质工具小心扫起，无害化处理。

剧毒品。穿全密闭防化服、佩戴正压式空气呼吸器（氧气呼吸器），避免扬尘，小心扫起收集后做无害化处理。

（5）应急监测

根据现场情况，制定应急布点方案。通过应急监测数据，确定污染范围。

3.3　应急终止

3.3.1　应急终止的条件

符合下列条件之一的，即满足应急终止条件。

① 事件现场得到控制，事件条件已经消除。

② 污染源的泄漏或释放已降至规定限值以内，且事件所造成的危害已经消除，无继发可能。

③ 事件现场的各种专业应急处置行动已无继续的必要。

④ 采取了必要的防护措施以保护公众免受再次危害，并使事件可能引起的中长期影响趋于合理且尽量低的水平。

3.3.2　应急终止的程序

① 现场指挥部确认终止时机；或事件责任单位提出，经现场指挥部批准。

② 现场指挥部向所属各专业应急救援队伍下达应急终止命令。

③ 应急状态终止后，相关类别环境事件专业应急指挥部应根据人民政府有关指示和实际情况，继续进行环境监测和评价工作，直至其他补救措施无须继续进行为止。

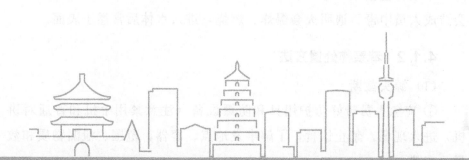

第4章
主要污染物处置技术方法

4.1 苯系物

4.1.1 苯系物理化特征

苯系物包括苯、甲苯、二甲苯、硝基苯、氯苯等。大量苯系物蒸气会造成人员中毒，遇明火会爆炸、燃烧，进入水体后常浮于表面。

4.1.2 苯系物处置方法

（1）源头截断

① 应急人员带好防护用具和防爆设备（注意禁用手机和普通对讲机）进入现场，禁止饮食，了解事发地点、容器、范围、泄漏物质和数量、态势。

② 对现场气体和水体中苯系物的浓度进行检测，限制人员进出，泄漏防护距离参考表 4-1，如有槽罐车，泄漏防护距离不小于 800m。

表 4-1　苯系物泄漏防护距离　　　　　单位：m

名称	初始隔离距离	下风向防护距离
苯	50	300
二甲苯	100	500
甲苯	100	500
硝基苯	100	500
氯苯	50	300

③ 切断电源，杜绝火源，判断是否发生火灾。如有，即刻请求消防部门灭火并组织人员有序撤离，事后收集并处置消防废水。

④ 抢险人员上风口作业，首先尝试切断泄漏源头（如关闭阀门和法兰）。或使用堵漏器具制止泄漏，避免用塑料、橡胶等可能会溶于苯系物的材料堵漏，堵漏过程防止产生火花。

如果上述封堵措施无效，放空容器，过程中需要注意安全，并用惰性气体置换苯系物蒸气。对于已经造成的泄漏，小型泄漏用密闭容器收集；中型泄漏，关闭雨水排口，封堵下水道和排洪沟，导流收容，用活性炭、沙袋等惰性材料吸收苯液；大型泄漏，筑堤坝或挖沟收容，用防爆泵转移到事故池处理。

（2）控制清理

① 外环境苯系物使用围油栏等设备对污染物进行拦截，利用低洼地、池塘等截留。如果进入河流，通知相关部门进行水域管制，在河道里分段打入焦炭坝，对水质污染物进行活性炭吸附清理。若吸附效果欠佳，还应在上游修筑拦河坝或者新开河道绕过污染源，或者切断下游通往饮用水水源的通路。沿河警戒，告诫沿河居民不要饮水和捕鱼。

② 对于挥发性苯系物，用喷淋水雾稀释蒸气，应用泡沫、帆布或水泥等物质覆盖泄漏的苯系物。

（3）集中处置

事后收集的泄漏物、回收的处置吸附剂、被污染的器材及土壤和清洗废水等，统一交由有资质的专业单位处置。

（4）其他

生态环境部门全程监测水、气、土中的苯系物浓度。

4.2　石油类

4.2.1　石油类理化特征

石油类化合物遇明火易燃烧爆炸，可刺激呼吸道、造成呼吸困难；进入水体后，除煤焦油、重油外的石油类化合物均浮在水面。

4.2.2　石油类处置方法

（1）源头截断

① 应急人员带好防护用品，选上风、侧上风方向进入现场排查，主要查明：泄漏的时间、部位、形式，已扩散范围，周边单位、居民、地形、供电、火源等情况及消防设施与水源。进入危险区人员实施二级防护，并采取水枪掩护；凡在现场参与处置人员，最低防护不得低于三级。

② 确认泄漏处的形状、大小、流速及主要的流散方向；确认设施、

建（构）筑物险情，确认消防设施运行情况、现场及周边污染情况。

③ 根据现场泄漏情况，研究制定堵漏方案，并严格实施；所有堵漏行动必须采取防爆措施，确保安全；关闭前置阀门，切断泄漏源。如果上述方法无效，利用工艺措施倒罐并转移较危险的桶体。堵漏方法详见表 4-2。

表 4-2　堵漏方法

部位	形式	方　法
罐体	砂眼	使用螺丝加黏合剂旋进堵漏
	缝隙	使用外封式堵漏袋、电磁式堵漏工具组、粘贴式堵漏密封胶（适用于高压）、潮湿绷带冷凝法或堵漏夹具、金属堵漏锥堵漏
	孔洞	使用各种木楔、堵漏夹具、粘贴式堵漏密封胶（适用于高压）、金属堵漏锥堵漏
	裂口	使用外封式堵漏袋、电磁式堵漏工具组、粘贴式堵漏密封胶（适用于高压）堵漏
管道	砂眼	使用螺丝加黏合剂旋进堵漏
	缝隙	使用外封式堵漏袋、金属封堵套管、电磁式堵漏工具组、潮湿绷带冷凝法或堵漏夹具堵漏
	孔洞	使用各种木楔、堵漏夹具、粘贴式堵漏密封胶（适用于高压）堵漏
	裂口	使用外封式堵漏袋、电磁式堵漏工具组、粘贴式堵漏密封胶（适用于高压）堵漏
阀门		使用阀门堵漏工具组、注入式堵漏胶、堵漏夹具堵漏
法兰		使用专用法兰夹具、注入式堵漏胶堵漏

（2）控制清理

① 如果堵漏无效，导致水体污染，通知有关部门实行水域管制；通知有关单位严密监视险情，加强防范；组织消防力量，采取止漏、圈围、拦截等措施，控制扩散蔓延；对水面泄漏物用吸油毡、油泵进行吸附和输转，用油脂分解剂降解，难以实施吸附、降解且严重污染环境时可采取点燃措施。

② 一切处置行动自始至终必须严防爆炸；对泄漏液面预先喷射泡沫覆盖保护，并保证有足够的厚度；严密监视液体流淌及气相扩散情况，防止流散范围扩大；严格控制火源及危险区域内人员数量。

（3）集中处置

事后收集的泄漏物、回收的处置吸附剂、被污染的器材及土壤和清洗废水等，统一交由有资质的专业单位处置。

（4）其他

生态环境部门全程监测水、气、土中的石油类污染物浓度。

4.3　重金属类

4.3.1　重金属类理化特征

多为水污染事件，常见污染物主要有铜、镉、锌、铅等，在水中扩散速度快，且不容易降解。

4.3.2　重金属类处置方法

（1）源头截断

从源头上防堵污染源，采取必要的工程措施，防止污染物继续进入水体或大气，并将污染物控制在一定的范围内，防止继续扩散。

因设备故障或事故造成矿浆溢流或选矿药剂泄漏进入车间，立即建事故池收集溢流的矿浆，并配立泵随时将事故池内的矿浆排入工艺中。

尾砂输送管道破裂造成矿浆泄漏或暴雨造成尾矿库废水漫坝溢流，在尾矿库初期坝下建有足够容量的事故池，将泄漏废水收集，经处理后循环使用。

（2）控制清理

如果堵漏无效，污染物进入河道，要充分发挥水利设施的作用，在进入下游前结合物理、化学方法进行处理。主要包括：对受污染的水体进行稀释、中和沉淀、铁氧体沉淀、硫化物沉淀、置换、净化等。

尾矿库发生尾砂、废水泄漏，在尾矿库下游河道支流设计并建造拦截吸附坝基础工程。工程应按事故最大泄漏量，结合当地水文条件设计。拦截吸附坝数量与间距应按照当地实际情况选取。在建造拦截吸附坝基础工程的同时，还应结合坝址周边地形和交通条件，同步设计建造应急物资储备场（库），并储备沙袋、水泥管、活性炭网箱及吸附物资等。流域防控的工程类型包括滞污塘和截流断面。除以上工程措施外，还可以利用水利设施和城市景观橡胶坝等作为流域防控设施。

滞污塘设在三级或更小一级的支流沟谷中，河道宽阔、河床窄小并且具有较为平坦宽广的低漫滩地形。工程由蓄存池塘及控制区域组成。蓄存池塘建在河床一侧宽阔平坦的低漫滩上，塘内开挖一定深度后进行平整防渗处理，塘边构筑混凝土矮堤围堰，使之形成一个容积较大的蓄存空间。控制枢纽建在池塘的入口与河床交汇处，由闸门及相关导水设施组成。该工程启动时先将污水导入滞污塘内存储，根据污染物性质、浓度，针对性采取降解措施，水体处理达标后再输入河床。

拦截坝一般设在一、二级支流的山区河谷中，断面上游汇水面积较大或泄流量较大的区域。工程组成一般为垂直流向的开口堤堰，中间开口处为河床，经过修整断面呈箱形或梯形。启动时铺设水泥管和滤箱，河床两侧构筑混凝土或砂黏土楔形矮堰，根据情况堆放沙袋。该工程主要适用于受化学污染的泄漏水体，一方面截堵一部分水体，另一方面通过滤箱和水泥管进行降解排泄，消除或减轻污水对下游河水及环境敏感点的污染影响。

矿山尾矿库事故废水中除了含有悬浮物盐和重金属，还有可能存在氰化物、硫氰酸等多种污染物，需要通过稀释、填料吸附、生物氧化等去除。

（3）集中处置

事后收集的沉淀和吸附剂等统一交由有资质的专业单位处置。

（4）其他

对于水体重金属污染事件，应及时通知相关水利部门及可能受水污染事件影响的取水单位，做好启用备用水源或采用其他设备临时供水的准备工作。

对于重金属超标的周边居民，应及时安排进行疏散，同时根据现场实际情况确定搬迁范围及安置措施。

生态环境部门全过程监测水、土壤中的重金属浓度。

4.4　氨氮类

4.4.1　氨氮类理化特征

氨氮是水中常见污染物之一，当氨氮浓度达到一定水平时影响水环境质量，并且对水生态系统具有一定的破坏性。

4.4.2　氨氮类处置方法

（1）源头截断

关闭阀门，即时切断泄漏源头，泄漏物进入事故应急池，采用物化法（含吸附法、膜分离技术、离子交换技术、化学沉淀法、折点氯化法）、生物法对污染源进行处理。

（2）控制清理

若进入河流，应及时通知有关部门，在下游通往饮用水水源的通路中使用活性炭、沸石等材料拦截吸附，并采用曝气氧化、絮凝沉淀、折点氯化等方式对水质进行提升处理，也可引水稀释。

（3）其他

若进入饮用水水源地，应及时通知有关部门采取应急措施，启用备用水源。

生态环境部门全过程监测水中的氨氮浓度。

4.5　常用危险化学品应急处置方法

4.5.1　危险化学品处置要点

在所有可能产生液态污染物和洗消废水的应急处置过程中，都必须修筑围堰、封闭雨水排口，收集污染物送污水处理系统进行无害化处置。

4.5.1.1　切断污染源

危险化学品贮罐因泄漏引起燃烧的处置方法。积极冷却、稳定燃烧、防止爆炸，组织足够的力量，将火势控制在一定范围内。用射流水冷却着火及邻近罐壁，并保护相邻建筑物免受火势威胁，控制火势不再扩大蔓延。若各流程管线完好，可通过出液管线、排流管线，将物料导入紧急事故罐，减少火罐储量。在未切断泄漏源的情况下，严禁熄灭已稳定燃烧的火焰。在切断物料且温度下降之后，向稳定燃烧的火焰喷干粉，覆盖火焰，终止燃烧，达到灭火目的。

易燃易爆危险化学品贮罐泄漏处置方法。立即在警戒区内停电、停火，灭绝一切可能引发火灾和爆炸的火种。在保证安全的情况下，最好的办法是关闭有关阀门。若各流程管线完好，可通过出液管线、排流管线将物料导入某个空罐。若管道破裂，可用木楔子、堵漏器或卡箍法堵漏，随后用高标号速冻水泥覆盖法暂时封堵。

4.5.1.2　泄漏物处置

控制泄漏源后，及时对现场泄漏物进行覆盖、收容、稀释，使泄漏物得到安全可靠的处置，防止二次污染的发生。地面泄漏物处置方法主要有：

（1）围堤堵截或挖掘沟槽收容泄漏物

如果化学品为液体，泄漏到地面上时会四处蔓延扩散，难以收集。为此需筑堤堵截或者挖掘沟槽引流、收容泄漏物到安全地点。贮罐区发生液体泄漏时，要及时封闭雨水排口，防止物料沿雨水系统外流。

通常根据泄漏物流动情况修筑围堤拦或挖掘沟槽堵截、收容泄漏物。常用的围堤有环形、直线形、V形等。如果泄漏发生在平地上，则在泄漏点的周围修筑环形堤。如果泄漏发生在斜坡上，则在泄漏物流动的下方修筑V形堤。如果泄漏物沿一个方向流动，则在其流动的下方挖掘沟槽。如果泄漏物是四散而流，则在泄漏点周围挖掘环形沟槽。

修筑围堤、挖掘沟槽的地点既要离泄漏点足够远，保证有足够的时间在泄漏物到达前修好围堤、挖好沟槽，又要避免离泄漏点太远使污染区域扩大。如果泄漏物是易燃物，操作时应注意避免发生火灾。

对于大型贮罐液体泄漏，收容后可选择用防爆泵将泄漏出的物料抽入容器内或槽车内待进一步处置。

如果泄漏物排入雨水、污水或清净水排放系统，应及时采取封堵措施，导入应急池，防止泄漏物排出厂外对地表水造成污染。泄漏物经封堵导入应急池后应做安全处置。

（2）覆盖减少泄漏物蒸发

对于液体泄漏，为降低物料向大气中的蒸发速度，可用泡沫或其他覆盖物品覆盖外泄的物料，在其表面形成覆盖层，抑制其蒸发。或者采用低温冷却来降低泄漏物的蒸发速度。

① 泡沫覆盖。使用泡沫覆盖阻止泄漏物的挥发，降低泄漏物对大气的危害和泄漏物的燃烧性。泡沫覆盖必须和其他的收容措施（如围堤、沟槽等）配合使用。通常泡沫覆盖只适用于陆地泄漏物。

根据泄漏物的特性选择合适的泡沫。常用的普通泡沫只适用于无极性和基本上呈中性的物质；对于低沸点、与水发生反应、具有强腐蚀性或放射性或爆炸性的物质，只能使用专用泡沫；对于极性物质，只能使用硅酸盐类的抗醇泡沫；用纯柠檬果胶配制的果胶泡沫对许多有极性和无极性的化合物均有效。

对于所有类型的泡沫，使用时建议每隔 30～60 分钟再覆盖一次，以便有效地抑制泄漏物的挥发。

② 泥土覆盖。泥土覆盖适用于大多数液体泄漏物。一是可以有效吸附液体污染物，防止污染面积扩大；二是取材方便，并能减少污染物向大气中挥发。

（3）稀释

毒气泄漏事故或一些遇水反应化学品会产生大量的有毒有害气体且溶于水，事故地周围人员一时难以疏散。为减少大气污染，应在下风、侧下风以及人员较多方向采用水枪或消防水带向有害物蒸气云喷射雾状水或设置水幕水带；也可在上风方向设置直流水枪垂直喷射，形成大范围水雾覆盖区域，稀释、吸收有毒有害气体，加速气体向高空扩散。在使用这一技术时，将产生大量的被污染水，因此应同时采取措施防止污水排入外环境。对于可燃物，也可以在现场施放大量水蒸气或氮气，破坏燃烧条件。

（4）吸附、中和、固化泄漏物

泄漏量小时，可用沙子、吸附材料、中和材料等吸附中和，或者用固化法处理泄漏物。

① 吸附处理泄漏物。所有的陆地泄漏和某些有机物的水中泄漏都可用吸附法处理。吸附法处理泄漏物的关键是选择合适的吸附剂。常用的吸附剂有：活性炭、天然有机吸附剂、天然无机吸附剂、合成吸附剂。

a. 活性炭。活性炭是从水中除去不溶性漂浮物（有机物、某些无机物）最有效的吸附剂，有颗粒状和粉状两种形状。清除水中泄漏物用的是颗粒状活性炭。被吸附的泄漏物可以通过解吸再生回收使用，解吸后的活性炭可以重复使用。影响吸附效率的关键因素是被吸附物分子的大小和极性。吸附速率随着温度的上升和污染物浓度的下降而降低。所以必须通过试验来确定吸附某一物质所需的活性炭量。试验应模拟泄漏发生时的条件进行。

活性炭是无毒物质，除非大量使用，一般不会对人或水中生物产生危害。由于活性炭易得而且实用，所以它是目前处理水中低浓度泄漏物最常用的吸附剂。

b. 天然有机吸附剂。天然有机吸附剂由天然产品（如玉米秆、稻草、木屑、树皮、花生皮等纤维素）和橡胶组成，可以从水中除去油类和与油相似的有机物。天然有机吸附剂具有价廉、无毒、易得等优点，但再生困难。

c. 天然无机吸附剂。天然无机吸附剂是由天然无机材料制成的，常用的天然无机材料有黏土、珍珠岩、蛭石、膨胀页岩和天然沸石。根据制作材料分为矿物吸附剂（如珍珠岩）和黏土类吸附剂（如沸石）。

矿物吸附剂可用来吸附各种类型的烃、酸及其衍生物、醇、醛、酮、酯和硝基化合物；黏土类吸附剂能吸附分子或离子，并且能有选择地吸附不同大小的分子或不同极性的离子。黏土类吸附剂适用于陆地泄漏物，对于水体泄漏物，只能清除酚。由天然无机材料制成的吸附剂主要是粒状的，其使用受刮风、降雨、降雪等自然条件的影响。

d. 合成吸附剂。合成吸附剂是专门为纯有机液体研制的，能有效地清除陆地泄漏物和水体的不溶性漂浮物。对于有极性且在水中能溶解或能与水互溶的物质，不能使用合成吸附剂清除。能再生是合成吸附剂的一大优点。常用的合成吸附剂有聚氨酯、聚丙烯和有大量网眼的树脂。

聚氨酯有外表面敞开式多孔状、外表面封闭式多孔状及非多孔状几种形式。所有形式的聚氨酯都能从水溶液中吸附泄漏物，但外表面敞开式多孔状聚氨酯能像海绵体一样吸附液体。吸附状况取决于吸附剂气孔结构的敞开度、连通性和被吸附物的黏度、湿润力，但聚氨酯不能用来吸附处理泄漏量大或高毒性泄漏物。

聚丙烯是线性烃类聚合物，能吸附无机液体或溶液。分子量及结晶度较高的聚丙烯具有更好的溶解性和化学阻抗，但其生产难度和成本费用更高。不能用来吸附处理泄漏量大或高毒性泄漏物。

最常用的两种树脂是聚苯乙烯和聚甲基丙烯酸甲酯。这些树脂能与离子类化合物发生反应，不仅具有吸附特性，还表现出离子交换特性。

② 中和处理泄漏物。中和法要求最终 pH 值控制在 6～9 之间，反应期间必须监测 pH 值变化。

遇水反应危险化学品生成的有毒有害气体大多数呈酸性，可在消防车中加入碱液，使用雾状水予以中和。当碱液一时难以找到时，可在水箱内加入干粉、洗衣粉等，同样可起中和作用。

对于泄入水体的酸、碱或泄入水体后能生成酸、碱的物质，也可考虑用中和法处理。对于陆地泄漏物，如果反应能控制，常常用强酸、强碱中和，这样比较经济；对于水体泄漏物，建议使用弱酸、弱碱中和。

常用的弱酸有乙酸、磷酸二氢钠，有时可用气态二氧化碳。磷酸二氢钠几乎能用于所有的碱泄漏，当氨泄入水中时，可以用气态二氧化碳处理。

常用的强碱有氢氧化钠水溶液，可用来中和泄漏的氯。有时也用石灰、固体碳酸钠中和酸性泄漏物。常用的弱碱有碳酸氢钠、碳酸钠和碳酸钙。碳酸氢钠是缓冲盐，即使过量，反应后的 pH 值也只是 8.3。碳酸钠溶于水后，碱性和氢氧化钠一样强，若过量，pH 值可达 11.4。碳酸钙与酸的反应速度虽然比钠盐慢，但因其不向环境加入任何毒性元素、反应后的最终 pH 总是低于 9.4 而被广泛采用。

对于水体泄漏物，如果中和过程中可能产生金属离子，必须用沉淀剂清除。中和反应常常是剧烈的，由于放热和生成气体产生沸腾和飞溅，所以应急人员必须穿防酸碱工作服、戴防烟雾呼吸器。可以通过降低反应温度和稀释反应物来控制飞溅。

如果非常弱的酸和非常弱的碱泄入水体，pH 值能维持在 6～9 之间，建议不使用中和法处理。

现场使用中和法处置泄漏物受下列因素限制：泄漏物的量、中和反应的剧烈程度、反应生成潜在有毒气体的可能性、溶液的最终 pH 值能否控制在要求范围内。

③ 固化法处理泄漏物。通过加入能与泄漏物发生化学反应的固化剂或稳定剂使泄漏物转化成稳定形式，以便于运输和处置。有的泄漏物变成稳定形式后，由原来的有害变成了无害，可原地堆放不需进一步处理；有的泄漏物变成稳定形式后仍然有害，必须运至废物处置场所进一步处理或在专用废弃场所掩埋。常用的固化剂有水泥、凝胶、石灰。

a. 水泥固化。通常使用普通硅酸盐水泥固化泄漏物。对于含高浓度重金属的场合，使用水泥固化非常有效。许多化合物会干扰固化过程，如锰、锡、铜和铅等的可溶性盐类会延长凝固时间，并大大降低其物理强度，特别是高浓度硫酸盐对水泥有不利的影响，有高浓度硫酸盐存在的场合一般使用低铝水泥。酸性泄漏物固化前应先中和，避免浪费更多的水泥。相对不溶的金属氢氧化物，固化前必须防止可溶性金属从固体产物中析出。

水泥固化的优点是：有的泄漏物变成稳定形式后，由原来的有害变成了无害，可原地堆放不需进一步处理。

水泥固化的缺点是：大多数固化过程需要大量水泥，必须有进入现场的通道；有的泄漏物变成稳定形式后仍然有害，必须运至废物处置场所进一步处理或在专用废弃场所掩埋。

b. 凝胶固化。凝胶可以使泄漏物形成固体凝胶体。凝胶必须与泄漏物相容。凝胶材料是有害物，使用时应加倍小心，防止接触皮肤和吸入。形成的凝胶体仍是有害物，需进一步处理。

c. 石灰固化。使用石灰作固化剂时，加入石灰的同时需加入适量的细粒硬凝性材料（如粉煤灰、研碎的高炉炉渣或水泥窑灰等）。用石灰作固化剂的缺点是：形成的大块产物需转移，石灰本身对皮肤和呼吸道有腐蚀性。

4.5.2　污染物收集

处置中根据泄漏物的性质和形态，对不同性质、形态的污染物采用不同大小和不同材质的盛装装置进行包装收集。

① 带塞钢圆桶或钢圆罐，盛装废油和废溶剂。

② 带卡箍盖钢圆桶，盛装固态或半固态有机物。

③ 塑料桶或聚乙烯罐，盛装无机盐液。

④ 带卡箍盖钢圆桶或塑料桶，盛装固态或半固态危险物质。

⑤ 贮罐，适宜于贮存可通过管线、皮带等输送方式送进或输出的散装液态危险物质。

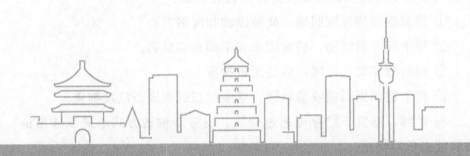

附　录

附录一 应急值守接报记录单

应急值守接报记录单

信息类型	领导批示　　　　　两办调度　　　　　部门通报 部总值班室　　　　地方报告　　　　　群众举报 舆情监测　　　　　其他		
途径	应急平台/企业微信　　　　电话　　　　传真 邮件　　　微信　　　其他		
来文单位		联系方式 （姓名/电话）	
接报时间	年　月　日　时　分	接收人	
主要内容：			
签批意见：			

附录二　突发环境事件调度记录单

突发环境事件调度记录单

事件名称			编号 （起数～期数）	
日　期	年　月　日	调度人员		
联系单位				
联系人		联系电话		
调度时间	调度内容	反馈情况		

附录三　突发环境事件信息专报（初报）

突发环境事件信息专报

××〔××〕××号　　　　　　　　　　　签发人：×××

关于××××事件的初报

（仅供参考）

生态环境厅：

　　×年×月×日×时，_____市（区）_____县_____镇（乡）发生一起×事件（概述事件情况）。导致（环境影响，如：×企业×装置破损，约×吨×物质进入×河流）引发（涉水/气/土壤等）污染，其主要污染物为（具体名称，如：石油类、苯系物、氯化氢、锑、铊等）。经排查：事发地周边（敏感点位情况，如：×千米有×个饮用水水源地/居民聚集区/学校/医院/国家级自然保护区等），距市（区）/县入境断面约____千米。_____市（区）/县生态环境局监测数据显示：（监测情况，监测指标须包含特征污染物，如：×点位的×指标无异常/×点位的×指标超标，超标×倍）。目前已采取×应急处置措施。

　　初步判断该事件（总体态势分析，如：风险总体可控/可能升级，可能对×产生影响），建议（针对态势初判，提出相关建议。如：请求物资/应急专家/专业力量支援）。

　　下一步，×××。

　　后续情况及时上报。

　　联系人：×××

电　话：×××

附件：1.×××监测快报

　　　2.×××环境敏感点应急处置、监测点位分布示意图

××生态环境局

×年×月×日

附录四　突发环境事件信息专报（续报）

突发环境事件信息专报

××〔××〕××号　　　　　　　　　签发人：×××

关于××××事件的续报×

（仅供参考）

生态环境厅：

　　现将×突发环境事件有关情况续报如下：

一、应急处置情况

简述前期基本情况。

　　截至目前，已采取以下应急措施：一是×××；二是×××；三是×××。截至×日×时，×××（环境污染情况、事件处置阶段进展情况等，如：×吨污染物进入×河，目前已转运×污染物×吨至×处置公司，预计×时完成转运等）。

二、应急监测情况

　　截至×日×时，监测结果显示：×××。

三、下一步工作

×××。

后续情况及时上报。

附件：1.×××监测快报

　　　2.现场图片

××生态环境局

×年×月×日

附录五 突发环境事件信息专报（终报）

突发环境事件信息专报

××〔××〕××号   签发人：×××

关于××××事件的终报
（仅供参考）

生态环境厅：

现将×突发环境事件有关情况报告如下：

一、事件基本情况

×年×月×日×时，_____市（区）_____县_____镇（乡）发生一起×事件（概述事件情况）。导致（环境影响，如：×企业×装置破损，×吨×物质进入×河流）引发（涉水/气/土壤等）污染，其主要污染物为（具体名称，如：石油类、苯系物、氯化氢、锑、铊等）。事发地周边（敏感点位情况，如：×千米有×个饮用水水源地/居民聚集区/学校/医院/国家级自然保护区等），距市（区）/县入境断面约____千米。

二、应急处置情况

截至目前，已采取以下应急措施：一是×××；二是×××；三是×××。截至×日×时，×××（环境污染情况、事件处置阶段进展情况等，如：×吨污染物进入×河，目前已转运×污染物×吨至×处置公司，预计×时完成转运等）。

三、应急监测情况

自×月×日×时起，事发地下游××沿线各监测点位特征污染物浓度持续达标，（事件未对××水质造成影响/××水厂自××时起恢复供水）。××人民政府自×日×时起终止应急响应。

四、下步工作

×××。

如无重要情况，我局将不再续报。

××生态环境局

×年×月×日

附录六　突发环境事件应急监测方案和环境应急监测报告

"××"突发环境事件应急监测方案
××××年××月××日

一、事件概况

××××年××月××日××时××分，一辆装载约××吨"××"的罐车由××市向××县方向行驶，在××公里（经纬度）发生泄漏事故，部分"××"进入××河水体，××有毒，主要作用于××部位（如中枢神经），遇明火、高热或氧化剂能引起燃烧。

为及时掌握污染团动向，科学处置，特制定监测方案，于××××年××月××日××时××分开始执行。

二、监测断面布设

1.×××××××；

2.×××××××；

······

三、监测项目和监测频次

监测项目：××。

监测频次：××次/时。

四、执行标准

执行国家《×××××环境质量标准》（GB ××××—××××）表×中标准限值：××。

五、监测任务分工

······

六、监测数据上报

由××上报至×××，上报时限。

······

七、质量控制

1. 分析人员应熟悉和掌握相关仪器设备和分析方法，持证上岗；

2. 用于监测的各种仪器设备按有关规定定期检定，并在检定有效期内进行期间核查，状态正常，运转正常；

3. 实验用水要符合分析方法要求，试剂和实验辅助材料要检验合格后方可使用；

4. 实验室环境条件应满足分析方法要求；

5. 监测质量保证和监测质控措施参照具体技术规范执行；

6. 对应急监测样品应留样直至事故处置完毕；

7. 样品从采集、保存、运输、分析、处置的全过程都有记录，确保样品管理处在受控状态，样品在采集和运输过程中应防止样品被污染及样品对环境的污染；

8. 同批次样品应进行空白测试，并采取不低于10%的平行样测定、10%的加标回收率测定或有证标准物质测定。

……

数据汇总：将监测数据按照不同点位、不同采样时间进行归类列表，具体见附表6-1。

附表 6-1　××事件××项目监测结果汇总表

单位：mg/L

时间	断面1(距事发地点××m)	断面2(距事发地点××m)	断面3(距事发地点××m)	断面4(距事发地点××m)	断面5(距事发地点××m)	…
××月××日××:00		0.00002ND		0.00105		
××月××日××:00						
…						

　　数据评价：对监测数据进行单因子评价，计算超标倍数，具体见附表 6-2。

附表 6-2　××断面监测结果单因子评价表

	时间	××/(mg/L)	标准限值/(mg/L)	超标倍数
断面 2	××月××日××:00	0.00009	0.0001	−0.1
	××月××日××:00	0.00010	0.0001	0.0
	...	...	...	...

×××环境监测站

环境应急监测报告

×××环境监测站   ××××年××月××日

编制人：   审核人：   签发人：

××市××事件监测快报
（第×期）

一、监测内容

××××年××月××日××时，我站按照《××事件应急监测方案》（第 X 版）对××事件开展应急监测工作。

二、监测方法及来源（附表 6-3）

附表 6-3   监测方法及来源

监测项目	监测方法名称	方法号	检出限	单位

三、评价标准（附表 6-4）

附表 6-4   评价标准

类型	评价项目	标准限值	单位	评价标准名称及编号
地表水			mg/L	《地表水环境质量标准》(GB 3838—2002)

四、监测及评价结果（附表 6-5）

附表 6-5   监测及评价结果表

监测断面名称	与事发地点距离/m	采样时间	X/(mg/L)	评价结果
×××	××	××月××日××:××		
×××	××	××月××日××:××		
×××	××	××月××日××:××		
×××	××	××月××日××:××		

续表

监测断面名称	与事发地点距离/m	采样时间	×/(mg/L)	评价结果
×××	××	××月××日××:××		
×××	××	××月××日××:××		
×××	××	××月××日××:××		
×××	××	××月××日××:××		
×××	××	××月××日××:××		

×××环境监测站
环境应急监测报告

×××环境监测站　　　　　　　　　××××年××月××日

编制人：　　　　　审核人：　　　　签发人：

××市××事件监测日报
（第×期）

一、事件基本情况

××××年××月××日，一辆装载约××吨"××"的罐车由××市向××县方向行驶，在××公里（经纬度）发生泄漏事故，部分"××"进入××河水体，××有毒，主要作用于 <u>××部位</u>（如中枢神经），遇明火、高热或氧化剂能引起燃烧。

二、监测工作开展情况

事故发生后××市立即启动××市突发环境事件应急预案，××生态环境局环境应急人员于 11 月 10 日 8：00 到达现场，根据现场情况调查，制定监测方案，协助地方政府开展环境应急处置工作。初步设置 8 个应急监测断面，监测频次：每 2h 一次。监测因子：××。监测方法：××。

11 月 10 日 19：00，××省生态环境监测中心陪同生态环境部专家组抵达现场后，根据前期监测结果，为准确把握污染带前锋和污染带长度，迅速调整应急监测方案，将应急监测断面由 8 个调整为 11 个（附监测点位图）。

11 月 10 日 22：30，应急监测组按照第 1 期监测方案完成了初期应急监测工作。监测点位表、监测趋势图等见附件。

三、监测结论与建议

本次应急监测按照《地表水环境质量标准》（GB 3838—2002）Ⅲ类标准评价。截至 10 日 22：30，污染带前锋约位于事发地下游××km处（在××断面前），××浓度在××mg/L 左右，约超标×倍。目前，3 个断面××超标，其中事故发生地下游 100m ××河汇入口断面超标××～××倍，1000m 断面超标××～××倍，10km 闸弄口灌渠下游断面超标××～××倍；其他5个断面暂未超标。

××km断面××日××时开始超标，××最大浓度为××mg/L，超标××倍，峰值浓度持续时间约××小时。根据污染团超标浓度和超标时间推算，污染团长度约××km。截至××日4时，污染团仍然未（将要）到达××断面（事发地下游××km）。建议采用筑坝拦截、导流疏浚、吸附等方式进行应急处置。

四、下一步工作计划

下一步，应急监测组将对××河至××河出境断面加密监测，密切监控污染团浓度和位置，同时加强与应急处置作业的协同配合，根据应急处置情况第一时间调整应急监测方案、开展监测工作，并及时上报监测数据。监测点位见附表6-6，××断面监测结果趋势见附图6-1。

附表6-6 监测点位表

序号	点位编号	点位名称及坐标	点位坐标
1	1#	背景点(事故点上游100m)	××
2	2#	事发点下游××m	××
3	3#	事发点下游××m	××
4	4#	事发点下游××km	××
5	5#	事发点下游××km	××
6	6#	事发点下游(××km)	××

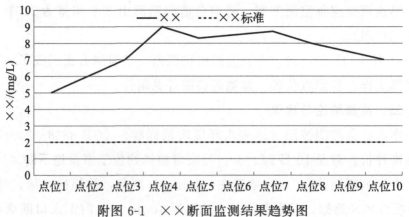

附图6-1 ××断面监测结果趋势图

生态环境应急监测数据评价标准

附表 6-7 突发环境事件大气应急监测评价标准

序号	标准	标准编号	评价指标
1	环境空气质量标准	GB 3095—2012	表1、表2、表 A.1
2	环境影响评价技术导则 大气环境	HJ 2.2—2018	表 D.1
3	民用建筑工程室内环境污染控制标准	GB 50325—2020	表 6.0.4
4	室内空气质量标准	GB/T 18883—2022	表1
5	《前苏联居民区大气中有害物质的最大允许浓度》	CH 245—71	—

附表 6-8 突发环境事件水质应急监测评价标准

序号	标准	标准编号	评价指标
1	地表水环境质量标准	GB 3838—2002	表1、表2、表3
2	地下水质量标准	GB/T 14848—2017	表1、表2

附表 6-9 突发环境事件土壤应急监测评价标准

序号	标准	标准编号	评价指标
1	土壤环境质量 农用地土壤污染风险管控标准(试行)	GB 15618—2018	表1、表2、表3
2	土壤环境质量 建设用地土壤污染风险管控标准(试行)	GB 36600—2018	表1、表2

附录七 典型风险物质应急处置信息卡

附表 7-1 氰化钠

<table>
<tr><td rowspan="4">理化性质</td><td>中文名</td><td>氰化钠</td><td>别名</td><td>山奈钠</td><td>分子式</td><td>NaCN</td></tr>
<tr><td>沸点</td><td>1496℃</td><td>相对密度</td><td>1.60</td><td>熔点</td><td>563.7℃</td></tr>
<tr><td>外观性状</td><td colspan="5">白色易潮解的结晶状粉末、颗粒、片状或块状</td></tr>
<tr><td>溶解性</td><td colspan="5">易溶于水,微溶于乙醇</td></tr>
<tr><td rowspan="3">泄漏处置</td><td>基本处置</td><td colspan="5">隔离泄漏污染区,周围设标志,防止扩散。应急处置人员戴自给正压式呼吸器,穿化学防护服(完全隔离)。不要直接接触泄漏物,避免扬尘,小心扫起,移至大量水中处理</td></tr>
<tr><td>大量泄漏</td><td colspan="5">应覆盖,减少飞散,收集回收无害化处理。泄漏在河流中应立即围堤筑坝防止污染扩散,处置一般采用碱性氯化法,加碱使水处于碱性条件,再加过量次氯酸钠、液氯或漂白粉处理</td></tr>
<tr><td>灭火剂</td><td colspan="5">干粉、沙土。禁止使用酸碱灭火剂(如二氧化碳灭火剂)</td></tr>
<tr><td rowspan="4">安全防护措施</td><td>呼吸防护</td><td colspan="5">佩戴防毒口罩或供氧式防毒面具</td></tr>
<tr><td>工程控制</td><td colspan="5">加强密闭,提供充分的局部排风或事故通风;防止氰化钠遇酸或与酸接触</td></tr>
<tr><td>身体防护</td><td colspan="5">穿防护服、戴面罩或防毒面具</td></tr>
<tr><td>其他</td><td colspan="5">工作现场禁止吸烟、进食、饮水。工作后彻底清洗,单独存放受污染的衣物</td></tr>
<tr><td rowspan="3">急救措施</td><td>皮肤接触</td><td colspan="5">须用大量水冲洗</td></tr>
<tr><td>吸入</td><td colspan="5">使患者立即脱离污染区,脱去受污染衣物,在通风处安卧、保暖。如果呼吸停止,须立即进行人工呼吸(切不可用口对口人工呼吸),送医院抢救要及时,须及早进行输氧、休息和保暖</td></tr>
<tr><td>食入</td><td colspan="5">须速送医院催吐洗胃</td></tr>
<tr><td rowspan="1">环境标准</td><td>中国</td><td colspan="5">生活饮用水水质卫生规范最高限值:0.05mg/L
地表水最高限值(以 CN^- 计):0.005mg/L(Ⅰ类),0.05mg/L(Ⅱ类),0.2mg/L(Ⅲ类、Ⅳ类、Ⅴ类)
渔业水质标准(以 CN^- 计):≤0.005mg/L
农田灌溉水质标准(以 CN^- 计):≤0.5mg/L
污水最高允许排放浓度(以 CN^- 计):0.5mg/L(一级、二级),1.0mg/L(三级)</td></tr>
</table>

附表 7-2　氢氧化钠

<table>
<tr><td rowspan="5">理化性质</td><td>中文名</td><td>氢氧化钠</td><td>别名</td><td>烧碱</td><td>分子式</td><td>NaOH</td></tr>
<tr><td>沸点</td><td>1390℃</td><td>相对密度</td><td>2.12</td><td>熔点</td><td>318℃</td></tr>
<tr><td>外观性状</td><td colspan="5">纯品是无色透明的晶体</td></tr>
<tr><td>溶解性</td><td colspan="5">与酸发生中和反应并放热,遇潮时对铝、锌和锡有腐蚀性,并放出易燃易爆的氢气。具有强腐蚀性</td></tr>
</table>

<table>
<tr><td rowspan="3">泄漏处置</td><td>基本处置</td><td>隔离泄漏污染区,限制出入</td></tr>
<tr><td>小量泄漏</td><td>避免扬尘,用洁净的铲子收集于干燥、洁净、有盖的容器中。也可以用大量水冲洗,洗水稀释后放入废水系统</td></tr>
<tr><td>大量泄漏</td><td>收集回收或运至废物处理场所处置</td></tr>
<tr><td>消防方法</td><td>具体方法</td><td>用水、沙土扑救,但须防止物品遇水产生飞溅,造成灼伤</td></tr>
<tr><td rowspan="4">安全防护措施</td><td>呼吸防护</td><td>可能接触其粉尘时,必须佩戴头罩型电动送风过滤式防尘呼吸器。必要时,佩戴空气呼吸器</td></tr>
<tr><td>工程控制</td><td>密闭操作,提供安全淋浴和洗眼设备</td></tr>
<tr><td>身体防护</td><td>穿橡胶耐酸碱服,戴橡胶耐酸碱手套</td></tr>
<tr><td>其他</td><td>工作现场禁止吸烟、进食和饮水。工作完毕,淋浴更衣</td></tr>
<tr><td rowspan="4">急救措施</td><td>皮肤接触</td><td>立即脱去污染的衣着,用大量流动清水冲洗至少 15min,就医</td></tr>
<tr><td>眼睛接触</td><td>立即提起眼睑,用大量流动清水或生理盐水彻底冲洗至少 15min,就医</td></tr>
<tr><td>吸入</td><td>迅速脱离现场至空气新鲜处,保持呼吸道通畅;如呼吸困难,给输氧;如呼吸停止,立即进行人工呼吸,就医</td></tr>
<tr><td>食入</td><td>用水漱口,给饮牛奶或蛋清,就医</td></tr>
<tr><td>环境标准</td><td>中国</td><td>车间空气最高容许浓度 0.5mg/m³</td></tr>
</table>

附表 7-3　氨

理化性质	中文名	氨	别名	液氨	分子式	NH₃
	沸点	−33.35℃	相对密度	0.771	熔点	−77.7℃
	外观性状	无色有刺激性恶臭气体				
	溶解性	易溶于水,形成氢氧化铵;溶于乙醚等有机溶剂				
泄漏处置		迅速撤离泄漏污染区人员至上风向,并隔离至气体散尽。应急处置人员戴正压自给式呼吸器,穿化学防护服(完全隔离)。处理钢瓶泄漏时应使阀门处于顶部,并关闭,无法关闭时,将钢瓶浸入水中				
消防方法	具体方法	切断气源,若不能立即切断气源,则不允许熄灭正在燃烧的气体。喷水冷却容器。用水喷淋保证切断气源人员的安全				
	灭火剂	雾状水、泡沫、二氧化碳				
安全防护措施	呼吸防护	空气中浓度超标时,必须佩戴防毒面具。紧急事态抢救或撤离时,应佩戴正压自给式呼吸器				
	工程控制	严加紧闭,提供充分的局部排风和全面通风				
	身体防护	穿橡胶耐酸碱防护服、戴橡胶耐酸碱手套、戴面罩防护眼镜				
	其他	工作现场严禁吸烟、进食和饮水。工作后淋浴更衣。进入高浓度区作业,应有监护				
急救措施	皮肤接触	用大量水冲洗 15min 以上,及时就医诊治				
	眼睛接触	用大量水冲洗 15min 以上,及时就医诊治				
	吸入	立即脱离现场至空气新鲜处,如呼吸很弱或停止时立即进行人工呼吸,同时输氧,保持安静及保暖				
环境标准	中国	车间空气最高允许浓度:30mg/m³ 废气最高允许排放浓度(kg/h):4.9(15m)~75(60m) 恶臭污染物厂界标准最高限值(mg/m³):1.0(一级),1.5(二级新建),2.0(二级现有),4.0(三级新建),5.0(三级现有) 地表水最高限值(以 NH₃-N 计,mg/L):0.15(Ⅰ类),0.5(Ⅱ类),1.0(Ⅲ类),1.5(Ⅳ类),2.0(Ⅴ类) 污水最高允许排放浓度(以 NH₃-N 计,mg/L):15(一级),25(二级)				

附表 7-4　氯

理化性质	中文名	氯	别名	液氯、氯气	分子式	Cl₂
	沸点	-34.5℃	相对密度	蒸气 2.49 液体 1.47	熔点	-101℃
	外观性状	黄绿色气体或液体,或斜方形的晶体,有窒息味				
	溶解性	溶于水,形成盐酸、次氯酸				
泄漏处置	迅速撤离泄漏污染区人员至上风向,并隔离至气体散尽。应急处置人员戴正压自给式呼吸器,穿化学防护服(完全隔离)。避免与乙炔、松节油、乙醚等物质接触。合理通风,切断气源,喷雾状水稀释、溶解,油排(室内)或强力通风(室外)。如有可能,用管道将泄漏物导入还原剂(酸式硫酸钠或酸式碳酸钠)溶液,或将残余气或漏出气用排风机送至水洗塔或与塔相连的通风橱内。也可以将漏气钢瓶置于石灰乳液中。漏气容器不能再使用,且要经过技术处理以清除可能剩余的气体				
消防方法	具体方法	不燃,切断气源,喷水冷却容器,将容器从火场移至空旷处				
安全防护措施	呼吸防护	空气中浓度超标时,必须佩戴防毒面具。紧急事态抢救或撤离时,应佩戴正压自给式呼吸器				
	眼睛防护	戴化学安全防护眼镜				
	身体防护	戴耐酸碱橡胶手套				
	其他	工作现场严禁吸烟、进食和饮水。工作后淋浴更衣。入高浓度区作业,应有监护				
急救措施	立即脱离现场至空气新鲜处,保持安静及保暖。注意发现早期病情变化,必要时做胸部 X 线检查,及时处置。出现刺激反应者,至少观察 12h;中毒患者应卧床休息,避免活动后病情加重。必要时做心电图检查以供治疗参考					
环境标准	中国	废气最高允许排放浓度 85mg/m³(排气筒高度大于 25m) 废气无组织排放监控浓度限值 0.5 mg/m³				

附表 7-5 甲醇

理化性质	中文名	甲醇	别名	木酒精、木醇	分子式	CH$_4$O
	沸点	64.8℃	相对密度	0.7915	熔点	−97.8℃
	外观性状	无色透明液体,纯品略带酒精气味				
	溶解性	能与乙醇、乙醚、苯、丙酮等大多数有机溶剂和水相混溶				
泄漏处置	基本处置	迅速撤离泄漏污染区人员至上风处,禁止无关人员进入污染区,切断火源。应急处置人员戴自给式呼吸器,穿一般消防防护服。不要直接接触泄漏物,在确保安全情况下堵漏。喷水雾会减少蒸发,用沙土、干燥石灰混合,然后使用无火花工具收集运至废物处置场所。也可以用大量水冲洗,经稀释的洗水放入废水系统				
	大量泄漏	建围堤收容,然后收集、转移、回收或无害处理后废弃				
	灭火剂	泡沫、二氧化碳、干粉、沙土				
安全防护措施	呼吸防护	可能接触其蒸气时必须戴正压自给式呼吸器				
	眼睛防护	戴化学安全防护眼镜				
	身体防护	穿防静电工作服				
	其他	工作现场严禁吸烟、进食和饮水,工作后淋浴更衣				
急救措施	皮肤接触	立即脱离现场至空气新鲜处,用流动清水彻底冲洗污染的皮肤和眼睛 15min 以上				
	食入	用清水或硫代硫酸钠洗胃,导泄				
环境标准	中国	工作场所时间加权平均容许浓度:25mg/m^3 工作场所短时间接触容许浓度:50mg/m^3 最高允许排放浓度:220mg/m^3 无组织排放监控浓度限值:15mg/m^3				

附表 7-6 硝酸

理化性质	中文名	硝酸	别名	硝镪水	分子式	HNO$_3$
	沸点	83℃	相对密度	1.4	熔点	−42℃
	外观性状	黄色至无色液体,有刺激性气味				
	溶解性	与水混溶				
泄漏处置	基本处置	撤离危险区域,应急处置人员戴自给正压式呼吸器,穿防酸碱工作服;切断泄漏源,防止进入下水道				
	大量泄漏	构筑围堤或挖坑收容,用泵转移至槽车内,残余物回收运至废物处置场所安全处置				

泄漏处置	小量泄漏	将泄漏液收集在可密闭容器中或用沙土、干燥石灰、苏打灰混合后回收,回收物应安全处置
消防方法	具体方法	不燃,切断气源,喷水冷却容器,将容器从火场移至空旷处
安全防护措施	呼吸防护	空气中浓度超标时,必须佩戴防毒面具。紧急事态抢救或撤离时,应佩戴正压自给式呼吸器
	眼睛防护	戴化学安全防护眼镜
	身体防护	穿橡胶耐酸碱防护服
	其他	工作现场严禁吸烟、进食和饮水。工作后淋浴更衣。进入高浓度区作业,应有监护
急救措施		立即脱离现场,至空气新鲜处,保持安静及保暖。溅入眼睛要用大量水冲洗15min以上,皮肤沾染应用大量水冲洗,如有灼伤应立即就医
环境标准	中国	车间空气中最高允许浓度:2mg/m³ 生活饮用水水质卫生规范:pH 为 6.5~4.5 地表水:pH 为 6~9 渔业水质标准:pH 为 6.5~4.5(淡水),pH 为 7.0~4.5(海水) 农田灌溉水质标准:pH 为 5.5~4.5 污水综合排放标准:pH 为 6~9

附表 7-7 硫酸

理化性质	中文名	硫酸	别名	硫镪水	分子式	H_2SO_4
	沸点	340℃	相对密度	1.8(水) 3.4(空气)	熔点	10℃
	外观性状	纯品为无色无味透明油状液体,一般为黄色、黄棕色或浑浊状				
	溶解性	与水混溶				
泄漏处置	基本处置	撤离危险区域,应急处置人员戴自给正压式呼吸器,穿防酸碱工作服切断泄漏源,防止进入下水道。可将泄漏液收集在可密闭容器中或用沙土、干燥石灰混合后回收,回收物应安全处置,可加入纯碱-消石灰溶液中和				
	大量泄漏	应构筑围堤或挖坑收容,用泵转移至槽车内,残余物回收运至废物处置场所安全处置				
消防方法		使用干粉、二氧化碳、沙土,禁止用水				

续表

安全防护措施	呼吸防护	空气中浓度超标时,必须佩戴防毒面具。紧急事态抢救或撤离时,应佩戴自给正压式呼吸器
	眼睛防护	戴化学安全防护眼镜
	身体防护	穿橡胶耐酸碱防护服
	其他	不能将水倒入酸中。工作现场禁止吸烟、进食和饮水。工作后淋浴更衣。保持良好的卫生习惯。入高浓度区作业,应有监护
急救措施	吸入	应立即脱离现场,休息,半直立体位,必要时进行人工呼吸,医务护理
	皮肤接触	应脱去污染的衣服,用大量水迅速冲洗,并给予医疗护理
	食入	漱口,大量饮水。不要催吐,并给予医疗护理
环境标准	中国	无组织排放监控浓度限值:1.5mg/m³ 生活饮用水水质卫生规范:pH 为 6.5~4.5 地表水:pH 为 6~9

附表 7-8 盐酸

理化性质	中文名	盐酸	别名	氢氯酸	分子式	HCl
	沸点	104.6℃(20%)	相对密度	1.20	熔点	−114.8℃
	外观性状	无色或微黄色发烟液体,有刺鼻的酸味				
	溶解性	与水混溶,工业级盐酸为 31%~36%的氯化氢溶液				
泄漏处置	基本处置	迅速撤离泄漏污染区人员至安全区,应急处置人员戴正压自给式呼吸器,穿防酸碱工作服				
	小量泄漏	用沙土、干燥石灰或苏打灰混合,也可用水冲洗后排入废水处理系统				
	大量泄漏	应构筑围堤或挖坑收集,用泵转移至槽车内,残余物回收运至废物处置场所安全处置				
消防方法	用碱性物质如碳酸氢钠、碳酸钠、消石灰等中和,也可用大量水扑救; 消防人员应穿戴氧气防毒面具及全身防护服					
安全防护措施	呼吸防护	接触其烟雾时,佩戴过滤式防毒面具;紧急事态抢救时,应佩戴正压自给式呼吸器				
	眼睛防护	戴化学安全防护眼镜				
	身体防护	穿橡胶耐酸碱防护服				
	其他	工作现场禁止吸烟、进食和饮水。工作后淋浴更衣				

续表

急救措施	吸入	吸入酸雾应立即脱离现场,安置休息并保暖
	食入	误服后漱口,不要催吐,并给予医疗处理
	皮肤接触	皮肤接触后应脱去污染的衣服,用水迅速冲洗
环境标准	中国	废气无组织排放监控氯化氢气体浓度限值:0.25mg/m³ 生活饮用水水质卫生规范:pH 值为 6.5~4.5 地表水环境质量标准:pH 值为 6~9 污水综合排放标准:pH 值为 6~9

附表 7-9 乙醇

理化性质	中文名	乙醇	别名	酒精	分子式	C_2H_6O
	沸点	74.3℃	相对密度	0.79	熔点	−114.1℃
	外观性状	无色液体,有酒香				
	溶解性	与水混溶,可混溶于醚、氯仿、甘油等多数有机溶剂				
泄漏处置	基本处置	迅速撤离泄漏污染区人员至安全区。切断火源,建议应急处置人员戴自给正压式呼吸器,穿消防防护服。尽可能切断泄漏源,防止进入下水道、排洪沟等限制性空间				
	小量泄漏	用沙土或其他不燃材料吸附或吸收;也可以用大量水冲洗,洗液稀释后放入废水系统				
	大量泄漏	构筑围堤或挖坑收容;用泡沫覆盖,降低蒸气灾害。用防爆泵转移至槽车或专用收集器内,回收或运至废物处置场所处置				
消防方法	具体方法	尽可能将容器从火场移至空旷处,喷水保持火场容器冷却,直至灭火结束				
	灭火剂	抗溶性泡沫、干粉、二氧化碳、沙土				
安全防护措施	呼吸防护	一般不需要特殊防护,高浓度接触时可佩戴过滤式防毒面罩				
	眼睛防护	一般不需要特殊防护				
	身体防护	穿防静电工作服				
	其他	工作现场严禁吸烟				
急救措施	皮肤接触	脱去被污染的衣物,用流动清水冲洗				
	眼睛接触	提起眼睑,用流动清水或生理盐水冲洗,就医				
	吸入	迅速脱离现场至空气新鲜处,就医				
	食入	饮足量盐水,催吐,就医				

附表 7-10　煤焦油

理化性质	中文名	煤焦油	别名	无	分子式	多环芳烃和含氮、氧、硫的杂环芳烃混合物
	沸点	＞250℃	相对密度	1.02～1.23	闪点	96～105℃
	外观性状	黑色黏稠液体,具有特殊臭味				
	溶解性	微溶于水,溶于苯、乙醇、乙醚、氯仿、丙酮等多数有机溶剂				
泄漏处置	基本处置	迅速撤离泄漏污染区人员至安全区。切断泄漏源,建议应急处置人员戴自给正压式呼吸器,穿消防防护服				
	小量泄漏	用沙土、蛭石或其他惰性材料吸收。或在保证安全的情况下,就地焚烧				
	大量泄漏	构筑围堤或挖坑收容;用泡沫覆盖,降低蒸气灾害;用防爆泵转移至槽车或专用收集器内,回收或运至废物处置场所处置				
消防方法	具体方法	喷水冷却容器,若发生着火,尽可能将容器从火场移至空旷处				
	灭火剂	泡沫、干粉、二氧化碳。用水灭火无效				
安全防护措施	呼吸防护	一般不需要特殊防护,高浓度接触时可佩戴自吸过滤式防毒面具				
	眼睛防护	一般不需要特殊防护,高浓度接触时可戴化学安全防护眼镜				
	身体防护	穿防静电工作服				
	其他	工作现场严禁吸烟。避免长期反复接触				
急救措施	皮肤接触	立即脱去被污染的衣着,用肥皂水和清水彻底冲洗皮肤。就医				
	眼睛接触	立即提起眼睑,用大量流动清水或生理盐水彻底冲洗至少15min。就医				
	吸入	迅速脱离现场至空气新鲜处。保持呼吸道通畅。如呼吸困难,给输氧。如呼吸停止,立即进行人工呼吸。就医				
	食入	给饮牛奶或用植物油洗胃和灌肠。就医				
环境标准	中国	饮用水源中有害物质的最高容许浓度:0.3mg/L				

附表 7-11 航空煤油

<table>
<tr><td rowspan="4">理化性质</td><td>中文名</td><td>航空煤油</td><td>别名</td><td>—</td><td>分子式</td><td>$CH_3(CH_2)nCH_3$
（n 为 8~16）</td></tr>
<tr><td>沸点</td><td>—</td><td>相对密度</td><td>0.8</td><td>熔点</td><td>−40℃以上</td></tr>
<tr><td>外观性状</td><td colspan="5">无色或浅黄色液体，略有臭味</td></tr>
<tr><td>溶解性</td><td colspan="5">不溶于水，溶于多数有机溶剂</td></tr>
<tr><td rowspan="3">泄漏处置</td><td>基本处置</td><td colspan="5">迅速撤离泄漏污染区人员至安全区，并进行隔离，严格限制出入。切断火源，建议应急处置人员戴自给正压式呼吸器，穿消防防护服。尽可能切断泄漏源，防止进入下水道、排洪沟等限制性空间</td></tr>
<tr><td>小量泄漏</td><td colspan="5">用沙土、蛭石或其他惰性材料吸收</td></tr>
<tr><td>大量泄漏</td><td colspan="5">构筑围堤或挖坑收容；用泡沫覆盖，降低蒸气灾害；用防爆泵转移至槽车或专用收集器内，回收或运至废物处置场所处置</td></tr>
<tr><td rowspan="2">消防方法</td><td>具体方法</td><td colspan="5">喷水冷却容器，可能的情况下将容器从火场移至空旷处
处在火场中的容器若已变色或安全泄压装置中产生声音，必须马上撤离</td></tr>
<tr><td>灭火剂</td><td colspan="5">泡沫、干粉、二氧化碳、沙土。用水灭火无效</td></tr>
<tr><td rowspan="4">安全防护措施</td><td>呼吸防护</td><td colspan="5">空气中浓度超标时，佩戴过滤式防毒面具</td></tr>
<tr><td>眼睛防护</td><td colspan="5">戴安全防护眼镜</td></tr>
<tr><td>身体防护</td><td colspan="5">穿防静电工作服</td></tr>
<tr><td>其他</td><td colspan="5">工作现场禁止吸烟、进食和饮水。工作毕，淋浴更衣。注意个人清洁卫生</td></tr>
<tr><td rowspan="4">急救措施</td><td>皮肤接触</td><td colspan="5">脱去被污染的衣着，用肥皂水和清水彻底冲洗皮肤</td></tr>
<tr><td>眼睛接触</td><td colspan="5">提起眼睑，用流动清水或生理盐水冲洗。就医</td></tr>
<tr><td>吸入</td><td colspan="5">迅速脱离现场至空气新鲜处，保持呼吸道通畅。如呼吸困难，给输氧；如呼吸停止，立即进行人工呼吸。就医</td></tr>
<tr><td>食入</td><td colspan="5">误服者用水漱口，给饮牛奶或蛋清。就医</td></tr>
</table>

附表 7-12 柴油

理化性质	中文名	柴油		别名	—		分子式	无(复杂烃类)
	沸点	轻柴油:180~370℃ 重柴油:350~410℃	相对密度		轻柴油:0.84~0.86, 重柴油:0.87~0.90		闪点	55℃以上
	外观性状	浅棕黄色液体,黏性小						
	溶解性	不溶于水,易溶于醇和其他有机溶剂						
泄漏处置	基本处置	迅速撤离泄漏污染区人员至安全区,并进行隔离,严格限制出入。切断火源,建议应急处置人员戴自给正压式呼吸器,穿消防防护服。切断泄漏源,防止进入下水道、排洪沟等限制性空间。用沙土、蛭石或其他惰性材料吸收。或在保证安全的情况下,就地焚烧						
	大量泄漏	地面采用构筑围堤或挖坑收容;或用吸油棉垫、沙土等惰性材料进行吸收处理;用油污泵转移至槽车或专用收集器内,回收或运至废物处置场所处置。泄漏至地表水体的,采用活性炭浮坝、吸油毡、围油栏、消油剂等拦截、去除;若无以上专门的应急物资,可用木糠、稻草、泡沫塑料等替代						
灭火剂		泡沫、干粉、二氧化碳						
安全防护措施	呼吸防护	一般不需要特殊防护,高浓度接触时可佩戴自吸过滤式防毒面具						
	眼睛防护	一般不需要特殊防护,高浓度接触时可戴化学安全防护眼镜						
	身体防护	穿防静电工作服						
	其他	工作现场严禁吸烟						
环境标准	地表水	采用石油类地表水标准						
	空气	美国矿山区空气质量标准:轻组分 HC(C_1~C_{12})1000ppm,重组分 HC(以分子量 226 计)25ppm						

注:1ppm=10^{-6}。

附表 7-13 汽油

理化性质	中文名	汽油	别名	无	分子式	C_nH_{2n+2}(n 为 5~12)
	沸点	40~200℃	相对密度	0.70~0.79	闪点	-50℃
	外观性状	无色或淡黄色易挥发液体,具有特殊臭味				
	溶解性	不溶于水,易溶于苯、二硫化碳、醇、脂肪				
泄漏处置	基本处置	迅速撤离泄漏污染区人员至安全区,并进行隔离,严格限制出入。切断火源,建议应急处置人员戴自给正压式呼吸器,穿消防防护服。切断泄漏源,防止进入下水道、排洪沟等限制性空间				

续表

泄漏处置	小量泄漏	用沙土、蛭石或其他惰性材料吸收。或在保证安全的情况下,就地焚烧
	大量泄漏	构筑围堤或挖坑收容;用泡沫覆盖,降低蒸气灾害;用防爆泵转移至槽车或专用收集器内,回收或运至废物处置场所处置
消防方法	具体方法	喷水冷却容器,可能的情况下将容器从火场移至空旷处
	灭火剂	泡沫、干粉、二氧化碳。用水灭火无效
安全防护措施	呼吸防护	一般不需要特殊防护,高浓度接触时可佩戴自吸过滤式防毒面具
	眼睛防护	一般不需要特殊防护,高浓度接触时可戴化学安全防护眼镜
	身体防护	穿防静电工作服
	其他	工作现场严禁吸烟。避免长期反复接触
急救措施	皮肤接触	立即脱去被污染的衣着,用肥皂水和清水彻底冲洗皮肤。就医
	眼睛接触	立即提起眼睑,用大量流动清水或生理盐水彻底冲洗至少15min。就医
	吸入	迅速脱离现场至空气新鲜处。保持呼吸道通畅。如呼吸困难,给输氧;如呼吸停止,立即进行人工呼吸。就医
	食入	给饮牛奶或用植物油洗胃和灌肠。就医
环境标准	中国	无相关水质标准,可参考石油类地表水标准

附表 7-14　苯

理化性质	中文名	苯	别名	无	分子式	C_6H_6
	沸点	80.1℃	相对密度	0.874	熔点	5.51℃
	外观性状	透明无色液体				
	溶解性	与醇、氯仿、醚、二硫化碳、丙酮、油类、四氯化碳、冰醋酸混溶				
泄漏处置	基本处置	迅速撤离泄漏污染区人员至安全区,禁止无关人员进入污染区。切断火源,应急处置人员戴防毒面具与手套,穿一般消防防护服,在确保安全情况下堵漏。可用雾状水扑灭小面积火灾,保持火场旁容器的冷却,驱散蒸气及溢出的液体,但不能降低泄漏物在受限制空间内的易燃性。用活性炭或其他惰性材料或沙土吸收,然后使用无火花工具收集运至废物处置场所				
	大量泄漏	建围堤收容,然后收集、转移、回收或无害化处理				

续表

灭火剂		泡沫、二氧化碳、干粉、沙土
安全防护措施	呼吸防护	空气中浓度超标时,佩戴自吸过滤式防毒面具 紧急事态抢救或撤离时,应该佩戴空气呼吸器或氧气呼吸器
	眼睛防护	戴化学安全防护眼镜
	身体防护	穿防毒物渗透工作服
	其他	工作现场禁止吸烟、进食和饮水。工作毕,淋浴更衣
急救措施	慢性中毒	可用有助于造血功能恢复的药物,并对症治疗
	急性中毒	应迅速将中毒患者移至新鲜空气处,立即脱去被苯污染的衣服,用肥皂水清洗污染处的皮肤,注意保温。急性期应注意卧床休息
环境标准	中国	废气最高容许排放浓度 17mg/m³
		废气无组织排放监控浓度限值 0.5 mg/m³
		生活饮用水水质卫生规范限值 0.01mg/L
		地表水环境质量标准限值 0.01 mg/L
		农田灌溉水质标准≤2.5 mg/L
		污水最高允许排放浓度:0.1 mg/L(一级),0.2mg/L(二级),0.5mg/L(三级)

附表 7-15 石脑油

理化性质	中文名	石脑油	别名	粗汽油	分子式	C₄～C₁₂ 烃类组成的混合物
	沸点	20～160℃	相对密度	0.78～0.97	熔点	5.5℃
	外观性状	无色或浅黄色液体				
	溶解性	不溶于水,溶于多数有机溶剂				
泄漏处置	基本处置	迅速撤离泄漏污染区人员至安全区,并进行隔离,严格限制出入。切断火源,建议应急处置人员戴自给正压式呼吸器,穿消防防护服。尽可能切断泄漏源,防止进入下水道、排洪沟等限制性空间				
	小量泄漏	用沙土、蛭石或其他惰性材料吸收				
	大量泄漏	构筑围堤或挖坑收容;用泡沫覆盖,降低蒸气灾害;用防爆泵转移至槽车或专用收集器内,回收或运至废物处置场所处置				
消防方法	具体方法	喷水冷却容器,可能的情况下将容器从火场移至空旷处 处在火场中的容器若已变色或安全泄压装置中产生声音,必须马上撤离				
	灭火剂	泡沫、干粉、二氧化碳、沙土。用水灭火无效				

分子式栏目的值为 C₄～C₁₂ 烃类组成的混合物,使用 LaTeX 表示为 $C_4 \sim C_{12}$ 烃类组成的混合物。

续表

安全防护措施	呼吸防护	空气中浓度超标时,佩戴过滤式防毒面具
	眼睛防护	戴安全防护眼镜
	身体防护	穿防静电工作服
	其他	工作现场禁止吸烟、进食和饮水。工作毕,淋浴更衣。注意个人清洁卫生
急救措施	皮肤接触	脱去被污染的衣着,用肥皂水和清水彻底冲洗皮肤
	眼睛接触	提起眼睑,用流动清水或生理盐水冲洗。就医
	吸入	迅速脱离现场至空气新鲜处,保持呼吸道通畅。如呼吸困难,给输氧;如呼吸停止,立即进行人工呼吸。就医
	食入	误服者用水漱口,给饮牛奶或蛋清。就医

附表 7-16 沥青

理化性质	中文名	沥青	别名	柏油	分子式	稠环芳香烃的复杂混合物
	沸点	<470℃	相对密度	1.15～1.25	熔点	没有熔点,一般指标为软化点
	外观性状	黑色液体、半固体或固体				
	溶解性	不溶于水,不溶于丙酮、乙醚、稀乙醇等,溶于四氯化碳等				
泄漏处置	收集回收或无害化处理后废弃					
消防方法	雾状水、泡沫、二氧化碳、干粉、沙土					
安全防护措施	呼吸防护	高浓度环境中,佩戴防毒口罩				
	眼睛防护	一般不需特殊防护,高浓度接触时可戴安全防护眼镜				
	身体防护	穿工作服				
	其他	工作后,淋浴更衣				
急救措施	皮肤接触	脱去污染的衣着,脱离现场。就医,避免阳光照射				
	眼睛接触	立即翻开上下眼睑,用流动清水冲洗至少 15min。就医				
	吸入	脱离现场至空气新鲜处。就医				
	食入	误服者给饮足量温水,催吐。就医				
环境标准	中国	《大气污染物综合排放标准》(GB 16297—1996) 最高允许排放浓度(mg/m³):现有污染源 80～280(表 1),新污染源 40～140(表 2)				

附表 7-17　液化石油气

理化性质	中文名	液化石油气	别名	石油气	分子式	主要成分：丙烷和丁烷
	沸点	−42℃	相对密度	空气的 1.55 倍	熔点	—
	外观性状	无色气体或黄棕色油状液体，有特殊臭味				
	溶解性	微溶于水，溶于乙醇、乙醚				
泄漏处置		迅速撤离泄漏污染区人员至上风处，并进行隔离，严格限制出入。切断火源，建议应急处置人员戴自给正压式呼吸器，穿防寒服，不要直接接触泄漏物。尽可能切断泄漏源，用工业覆盖层或吸附/吸收剂盖住泄漏点附近的下水道等地方，防止气体进入。合理通风，加速扩散，喷雾状水稀释。漏气容器要妥善处理，修复、检验后再用				
消防方法	具体方法	切断气源，若不能立即切断气源，则不容许熄灭正在燃烧的气体，喷水冷却容器，可能的情况下将容器从火场移至空旷处				
	灭火剂	雾状水、泡沫、二氧化碳				
安全防护措施	呼吸防护	高浓度环境中，建议佩戴过滤式防毒面具				
	眼睛防护	一般不需要特殊防护，高浓度接触时可戴化学安全防护眼镜				
	身体防护	穿防静电工作服				
	其他	工作现场严禁吸烟。避免高浓度吸入。进入罐、限制性空间或其他高浓度区作业，须有人监护				
急救措施	皮肤接触	若有冻伤，就医治疗				
	吸入	迅速脱离现场至空气新鲜处，保持呼吸道通畅。如呼吸困难，给输氧；如呼吸停止，立即进行人工呼吸。就医				

附表 7-18　乙醚

理化性质	中文名	乙醚	别名	二乙醚	分子式	$C_4H_{10}O$
	沸点	34.6℃	相对密度	0.71	熔点	−116.2℃
	外观性状	无色透明液体，有芳香气味，极易挥发				
	溶解性	微溶于水，溶于乙醇、苯、氯仿等多数有机溶剂				
泄漏处置	基本处置	迅速撤离泄漏污染区人员至安全区，并进行隔离，严格限制出入。切断火源，建议应急处置人员戴自给正压式呼吸器，穿消防防护服。尽可能切断泄漏源，防止进入下水道、排洪沟等限制性空间				

续表

泄漏处置	小量泄漏	用活性炭或其他惰性材料吸收,也可以用大量水冲洗,洗水稀释后放入废水系统,无害化处理达标后排放
	大量泄漏	构筑围堤或挖坑收容;用泡沫覆盖,降低蒸气灾害。用防爆泵转移至槽车或专用收集器内,回收或运至废物处置场所处置
	废弃物处置	不含过氧化物的废料液控制一定的速度燃烧,含过氧化物的废料在安全距离以外散口燃烧
消防方法	具体方法	尽可能将容器从火场移至空旷处,喷水保持火场容器冷却,直至灭火结束。处在火场中的容器若已变色或安全泄压装置中产生声音,必须马上撤离
	灭火剂	泡沫、干粉、二氧化碳、沙土。用水灭火无效
安全防护措施	呼吸防护	空气中浓度超标时,佩戴自吸过滤式防毒面具
	眼睛防护	必要时,戴化学安全防护眼镜
	身体防护	穿防静电工作服
	其他	工作现场严禁吸烟,注意个人清洁卫生
急救措施	皮肤接触	脱去被污染的衣物,用肥皂水和清水彻底冲洗皮肤
	眼睛接触	提起眼睑,用流动清水或生理盐水冲洗。就医
	吸入	迅速脱离现场至空气新鲜处,保持呼吸道通畅。如呼吸困难,给输氧;如呼吸停止,立即进行人工呼吸。就医
	食入	饮足量温水,催吐。就医

附表 7-19　三氯一氟甲烷

	中文名	三氯一氟甲烷	别名	氟利昂-11	分子式	CCl_3F
理化性质	沸点	23.7℃	相对密度	1.48	熔点	−111℃
	外观性状	无色液体或气体,有醚味				
	溶解性	微溶于水,易溶于乙醇、醚				
泄漏处置	迅速撤离泄漏污染区人员至上风处,并进行隔离,严格限制出入。切断火源,建议应急处置人员戴自给正压式呼吸器,穿一般作业工作服。尽可能切断泄漏源,合理通风,加速扩散。漏气容器要妥善处理,修复、检验后使用					
消防方法	本品不燃。切断气源;喷水冷却容器,可能的情况下将容器从火场移至空旷处					

安全防护措施	呼吸防护	一般不需要特殊防护,高浓度接触时可佩戴自吸过滤式防毒面具
	眼睛防护	一般不需要特殊防护,必要时,戴化学安全防护眼镜
	身体防护	穿一般作业工作服
	其他	工作现场严禁吸烟。注意个人清洁卫生。进入罐、限制性空间或其他高浓度区作业,须有人监护
急救措施	吸入	迅速脱离现场至空气新鲜处,保持呼吸道通畅。如呼吸困难,给输氧;如呼吸停止,立即进行人工呼吸。就医

附表 7-20　环己酮

理化性质	中文名	环己酮	别名	环状己酮、安酮	分子式	$C_6H_{10}O$
	沸点	155.6℃	相对密度	0.95	熔点	−47℃
	外观性状	无色或浅黄色透明液体,有强烈的刺激性				
	溶解性	微溶于水,可混溶于醇、醚、苯、丙酮等多数有机溶剂				
泄漏处置	基本处置	迅速撤离泄漏污染区人员至安全区,并进行隔离,严格限制出入。切断火源,建议应急处置人员戴自给正压式呼吸器,穿防静电工作服。尽可能切断泄漏源,防止流入下水道、排洪沟等限制性空间				
	小量泄漏	用沙土或其他不燃材料吸附或吸收,也可以用大量水冲洗,洗水稀释后放入废水系统				
	大量泄漏	构筑围堤或挖坑收容,用泡沫覆盖,降低蒸气灾害,用防爆泵转移至槽车或专用收集器内,回收或运至废物处置场所处置				
消防方法	具体方法	喷水冷却容器,可能的情况下将容器从火场移至空旷处				
	灭火剂	干粉、二氧化碳、沙土				
急救措施	皮肤接触	脱去污染的衣着,用肥皂水和清水彻底冲洗皮肤				
	眼睛接触	立即提起眼睑,用大量流动清水或生理盐水彻底冲洗至少 15min。就医				
	吸入	迅速脱离现场至空气新鲜处,保持呼吸道通畅。如呼吸困难,给输氧;如呼吸停止,立即进行人工呼吸。就医				
	食入	饮足量温水,催吐。就医				

附表 7-21　氯甲烷

<table>
<tr><td rowspan="4">理化性质</td><td>中文名</td><td>氯甲烷</td><td>别名</td><td>一氯甲烷</td><td>分子式</td><td>CH₃Cl</td></tr>
<tr><td>沸点</td><td>−23.73℃</td><td>相对密度</td><td>1.74</td><td>熔点</td><td>−97.7℃</td></tr>
<tr><td>外观性状</td><td colspan="5">无色气体,有醚样的微甜气体</td></tr>
<tr><td>溶解性</td><td colspan="5">易溶于水、乙醇、氯仿等</td></tr>
<tr><td>泄漏处置</td><td colspan="6">迅速撤离泄漏污染区人员至上风处,并进行隔离,严格限制出入。切断火源,建议应急处置人员戴自给正压式呼吸器,穿防毒服。尽可能切断泄漏源,合理通风,加速扩散。喷雾状水稀释、溶解。构筑围堤或挖坑收容产生的大量废水,如有可能,将残余气体或漏出气用排风机送至水洗塔或与塔相连的通风橱内。漏气容器要妥善处理,修复、检验后再用</td></tr>
<tr><td rowspan="2">消防方法</td><td>具体方法</td><td colspan="5">切断气源。若不能切断气源,则不允许熄灭泄漏处的火焰
喷水冷却容器,可能的话将容器从火场移至空旷处</td></tr>
<tr><td>灭火剂</td><td colspan="5">雾状水、泡沫、二氧化碳</td></tr>
<tr><td rowspan="4">安全防护措施</td><td>呼吸防护</td><td colspan="5">空气中浓度超标时,佩戴过滤式防毒面具
紧急事态抢救或撤离时,必须佩戴正压自给式呼吸器</td></tr>
<tr><td>眼睛防护</td><td colspan="5">戴化学安全防护眼镜</td></tr>
<tr><td>身体防护</td><td colspan="5">穿透气性防毒服</td></tr>
<tr><td>其他</td><td colspan="5">工作现场禁止吸烟、进食和饮水。工作完毕,淋浴更衣。注意个人清洁卫生</td></tr>
<tr><td rowspan="2">急救措施</td><td>皮肤接触</td><td colspan="5">若有冻伤,就医治疗</td></tr>
<tr><td>吸入</td><td colspan="5">迅速脱离现场至空气新鲜处,保持呼吸道通畅。如呼吸困难,给输氧;如呼吸停止,立即进行人工呼吸。就医</td></tr>
</table>

附录八　突发环境事件信息报告办法

环境保护部令

部令　第 17 号

《突发环境事件信息报告办法》已由环境保护部 2011 年第一次部务会议于 2011 年 3 月 24 日审议通过。现予公布，自 2011 年 5 月 1 日起施行。

部长　周生贤

二〇一一年四月十八日

突发环境事件信息报告办法

第一条 为了规范突发环境事件信息报告工作,提高环境保护主管部门应对突发环境事件的能力,依据《中华人民共和国突发事件应对法》、《国家突发公共事件总体应急预案》、《国家突发环境事件应急预案》及相关法律法规的规定,制定本办法。

第二条 本办法适用于环境保护主管部门对突发环境事件的信息报告。

突发环境事件分为特别重大（Ⅰ级）、重大（Ⅱ级）、较大（Ⅲ级）和一般（Ⅳ级）四级。

核与辐射突发环境事件的信息报告按照核安全有关法律法规执行。

第三条 突发环境事件发生地设区的市级或者县级人民政府环境保护主管部门在发现或者得知突发环境事件信息后,应当立即进行核实,对突发环境事件的性质和类别做出初步认定。

对初步认定为一般（Ⅳ级）或者较大（Ⅲ级）突发环境事件的,事件发生地设区的市级或者县级人民政府环境保护主管部门应当在四小时内向本级人民政府和上一级人民政府环境保护主管部门报告。

对初步认定为重大（Ⅱ级）或者特别重大（Ⅰ级）突发环境事件的,事件发生地设区的市级或者县级人民政府环境保护主管部门应当在两小时内向本级人民政府和省级人民政府环境保护主管部门报告,同时上报环境保护部。省级人民政府环境保护主管部门接到报告后,应当进行核实并在一小时内报告环境保护部。

突发环境事件处置过程中事件级别发生变化的,应当按照变化后的级别报告信息。

第四条 发生下列一时无法判明等级的突发环境事件,事件发生地设区的市级或者县级人民政府环境保护主管部门应当按照重大（Ⅱ级）或者特别重大（Ⅰ级）突发环境事件的报告程序上报:

（一）对饮用水水源保护区造成或者可能造成影响的;

（二）涉及居民聚居区、学校、医院等敏感区域和敏感人群的;

（三）涉及重金属或者类金属污染的；

（四）有可能产生跨省或者跨国影响的；

（五）因环境污染引发群体性事件，或者社会影响较大的；

（六）地方人民政府环境保护主管部门认为有必要报告的其他突发环境事件。

第五条 上级人民政府环境保护主管部门先于下级人民政府环境保护主管部门获悉突发环境事件信息的，可以要求下级人民政府环境保护主管部门核实并报告相应信息。下级人民政府环境保护主管部门应当依照本办法的规定报告信息。

第六条 向环境保护部报告突发环境事件有关信息的，应当报告总值班室，同时报告环境保护部环境应急指挥领导小组办公室。环境保护部环境应急指挥领导小组办公室应当根据情况向部内相关司局通报有关信息。

第七条 环境保护部在接到下级人民政府环境保护主管部门重大（Ⅱ级）或者特别重大（Ⅰ级）突发环境事件以及其他有必要报告的突发环境事件信息后，应当及时向国务院总值班室和中共中央办公厅秘书局报告。

第八条 突发环境事件已经或者可能涉及相邻行政区域的，事件发生地环境保护主管部门应当及时通报相邻区域同级人民政府环境保护主管部门，并向本级人民政府提出向相邻区域人民政府通报的建议。接到通报的环境保护主管部门应当及时调查了解情况，并按照本办法第三条、第四条的规定报告突发环境事件信息。

第九条 上级人民政府环境保护主管部门接到下级人民政府环境保护主管部门以电话形式报告的突发环境事件信息后，应当如实、准确做好记录，并要求下级人民政府环境保护主管部门及时报告书面信息。

对于情况不够清楚、要素不全的突发环境事件信息，上级人民政府环境保护主管部门应当要求下级人民政府环境保护主管部门及时核实补充信息。

第十条 县级以上人民政府环境保护主管部门应当建立突发环境事件信息档案，并按照有关规定向上一级人民政府环境保护主管部门报送本行政区域突发环境事件的月度、季度、半年度和年度报告以及统计情况。上一级人民政府环境保护主管部门定期对报告及统计情况进行通报。

第十一条 报告涉及国家秘密的突发环境事件信息,应当遵守国家有关保密的规定。

第十二条 突发环境事件的报告分为初报、续报和处理结果报告。

初报在发现或者得知突发环境事件后首次上报;续报在查清有关基本情况、事件发展情况后随时上报;处理结果报告在突发环境事件处理完毕后上报。

第十三条 初报应当报告突发环境事件的发生时间、地点、信息来源、事件起因和性质、基本过程、主要污染物和数量、监测数据、人员受害情况、饮用水水源地等环境敏感点受影响情况、事件发展趋势、处置情况、拟采取的措施以及下一步工作建议等初步情况,并提供可能受到突发环境事件影响的环境敏感点的分布示意图。

续报应当在初报的基础上,报告有关处置进展情况。

处理结果报告应当在初报和续报的基础上,报告处理突发环境事件的措施、过程和结果,突发环境事件潜在或者间接危害以及损失、社会影响、处理后的遗留问题、责任追究等详细情况。

第十四条 突发环境事件信息应当采用传真、网络、邮寄和面呈等方式书面报告;情况紧急时,初报可通过电话报告,但应当及时补充书面报告。

书面报告中应当载明突发环境事件报告单位、报告签发人、联系人及联系方式等内容,并尽可能提供地图、图片以及相关的多媒体资料。

第十五条 在突发环境事件信息报告工作中迟报、谎报、瞒报、漏报有关突发环境事件信息的,给予通报批评;造成后果的,对直接负责的主管人员和其他直接责任人员依法依纪给予处分;构成犯罪的,移送司法机关依法追究刑事责任。

第十六条 本办法由环境保护部解释。

第十七条 本办法自 2011 年 5 月 1 日起施行。《环境保护行政主管部门突发环境事件信息报告办法(试行)》(环发〔2006〕50 号)同时废止。

突发环境事件分级标准

按照突发事件严重性和紧急程度，突发环境事件分为特别重大（Ⅰ级）、重大（Ⅱ级）、较大（Ⅲ级）和一般（Ⅳ级）四级。

1. 特别重大（Ⅰ级）突发环境事件

凡符合下列情形之一的，为特别重大突发环境事件：

（1）因环境污染直接导致10人以上死亡或100人以上中毒的。

（2）因环境污染需疏散、转移群众5万人以上的。

（3）因环境污染造成直接经济损失1亿元以上的。

（4）因环境污染造成区域生态功能丧失或国家重点保护物种灭绝的。

（5）因环境污染造成地市级以上城市集中式饮用水水源地取水中断的。

（6）1、2类放射源失控造成大范围严重辐射污染后果的；核设施发生需要进入场外应急的严重核事故，或事故辐射后果可能影响邻省和境外的，或按照"国际核事件分级（INES）标准"属于3级以上的核事件；台湾核设施中发生的按照"国际核事件分级（INES）标准"属于4级以上的核事故；周边国家核设施中发生的按照"国际核事件分级（INES）标准"属于4级以上的核事故。

（7）跨国界突发环境事件。

2. 重大（Ⅱ级）突发环境事件

凡符合下列情形之一的，为重大突发环境事件：

（1）因环境污染直接导致3人以上10人以下死亡或50人以上100人以下中毒的；

（2）因环境污染需疏散、转移群众1万人以上5万人以下的；

（3）因环境污染造成直接经济损失2000万元以上1亿元以下的；

（4）因环境污染造成区域生态功能部分丧失或国家重点保护野生动植物种群大批死亡的；

（5）因环境污染造成县级城市集中式饮用水水源地取水中断的；

(6) 重金属污染或危险化学品生产、贮运、使用过程中发生爆炸、泄漏等事件，或因倾倒、堆放、丢弃、遗撒危险废物等造成的突发环境事件发生在国家重点流域、国家级自然保护区、风景名胜区或居民聚集区、医院、学校等敏感区域的；

(7) 1、2 类放射源丢失、被盗、失控造成环境影响，或核设施和铀矿冶炼设施发生的达到进入场区应急状态标准的，或进口货物严重辐射超标的事件；

(8) 跨省（区、市）界突发环境事件。

3. 较大（Ⅲ级）突发环境事件

凡符合下列情形之一的，为较大突发环境事件：

(1) 因环境污染直接导致 3 人以下死亡或 10 人以上 50 人以下中毒的；

(2) 因环境污染需疏散、转移群众 5000 人以上 1 万人以下的；

(3) 因环境污染造成直接经济损失 500 万元以上 2000 万元以下的；

(4) 因环境污染造成国家重点保护的动植物物种受到破坏的；

(5) 因环境污染造成乡镇集中式饮用水水源地取水中断的；

(6) 3 类放射源丢失、被盗或失控，造成环境影响的；

(7) 跨地市界突发环境事件。

4. 一般（Ⅳ级）突发环境事件

除特别重大突发环境事件、重大突发环境事件、较大突发环境事件以外的突发环境事件。

附录九　突发环境事件调查处理办法

环境保护部令

部令　第 32 号

突发环境事件调查处理办法

《突发环境事件调查处理办法》已于 2014 年 12 月 15 日由环境保护部部务会议审议通过，现予公布，自 2015 年 3 月 1 日起施行。

部长　周生贤

2014 年 12 月 19 日

突发环境事件调查处理办法

第一条 为规范突发环境事件调查处理工作，依照《中华人民共和国环境保护法》、《中华人民共和国突发事件应对法》等法律法规，制定本办法。

第二条 本办法适用于对突发环境事件的原因、性质、责任的调查处理。

核与辐射突发事件的调查处理，依照核与辐射安全有关法律法规执行。

第三条 突发环境事件调查应当遵循实事求是、客观公正、权责一致的原则，及时、准确查明事件原因，确认事件性质，认定事件责任，总结事件教训，提出防范和整改措施建议以及处理意见。

第四条 环境保护部负责组织重大和特别重大突发环境事件的调查处理；省级环境保护主管部门负责组织较大突发环境事件的调查处理；事发地设区的市级环境保护主管部门视情况组织一般突发环境事件的调查处理。

上级环境保护主管部门可以视情况委托下级环境保护主管部门开展突发环境事件调查处理，也可以对由下级环境保护主管部门负责的突发环境事件直接组织调查处理，并及时通知下级环境保护主管部门。

下级环境保护主管部门对其负责的突发环境事件，认为需要由上一级环境保护主管部门调查处理的，可以报请上一级环境保护主管部门决定。

第五条 突发环境事件调查应当成立调查组，由环境保护主管部门主要负责人或者主管环境应急管理工作的负责人担任组长，应急管理、环境监测、环境影响评价管理、环境监察等相关机构的有关人员参加。

环境保护主管部门可以聘请环境应急专家库内专家和其他专业技术人员协助调查。

环境保护主管部门可以根据突发环境事件的实际情况邀请公安、交通运输、水利、农业、卫生、安全监管、林业、地震等有关部门或者机构参加调查工作。

调查组可以根据实际情况分为若干工作小组开展调查工作。工作小组负责人由调查组组长确定。

第六条 调查组成员和受聘请协助调查的人员不得与被调查的突发环境事件有利害关系。

调查组成员和受聘请协助调查的人员应当遵守工作纪律，客观公正地调查处理突发环境事件，并在调查处理过程中恪尽职守，保守秘密。未经调查组组长同意，不得擅自发布突发环境事件调查的相关信息。

第七条 开展突发环境事件调查，应当制定调查方案，明确职责分工、方法步骤、时间安排等内容。

第八条 开展突发环境事件调查，应当对突发环境事件现场进行勘查，并可以采取以下措施：

（一）通过取样监测、拍照、录像、制作现场勘查笔录等方法记录现场情况，提取相关证据材料；

（二）进入突发环境事件发生单位、突发环境事件涉及的相关单位或者工作场所，调取和复制相关文件、资料、数据、记录等；

（三）根据调查需要，对突发环境事件发生单位有关人员、参与应急处置工作的知情人员进行询问，并制作询问笔录。

进行现场勘查、检查或者询问，不得少于两人。

突发环境事件发生单位的负责人和有关人员在调查期间应当依法配合调查工作，接受调查组的询问，并如实提供相关文件、资料、数据、记录等。因客观原因确实无法提供的，可以提供相关复印件、复制品或者证明该原件、原物的照片、录像等其他证据，并由有关人员签字确认。

现场勘查笔录、检查笔录、询问笔录等，应当由调查人员、勘查现场有关人员、被询问人员签名。

开展突发环境事件调查，应当制作调查案卷，并由组织突发环境事件调查的环境保护主管部门归档保存。

第九条 突发环境事件调查应当查明下列情况：

（一）突发环境事件发生单位基本情况；

（二）突发环境事件发生的时间、地点、原因和事件经过；

（三）突发环境事件造成的人身伤亡、直接经济损失情况，环境污染和生态破坏情况；

（四）突发环境事件发生单位、地方人民政府和有关部门日常监管和事件应对情况；

（五）其他需要查明的事项。

第十条 环境保护主管部门应当按照所在地人民政府的要求，根据突发环境事件应急处置阶段污染损害评估工作的有关规定，开展应急处置阶段污染损害评估。

应急处置阶段污染损害评估报告或者结论是编写突发环境事件调查报告的重要依据。

第十一条 开展突发环境事件调查，应当查明突发环境事件发生单位的下列情况：

（一）建立环境应急管理制度、明确责任人和职责的情况；

（二）环境风险防范设施建设及运行的情况；

（三）定期排查环境安全隐患并及时落实环境风险防控措施的情况；

（四）环境应急预案的编制、备案、管理及实施情况；

（五）突发环境事件发生后的信息报告或者通报情况；

（六）突发环境事件发生后，启动环境应急预案，并采取控制或者切断污染源防止污染扩散的情况；

（七）突发环境事件发生后，服从应急指挥机构统一指挥，并按要求采取预防、处置措施的情况；

（八）生产安全事故、交通事故、自然灾害等其他突发事件发生后，采取预防次生突发环境事件措施的情况；

（九）突发环境事件发生后，是否存在伪造、故意破坏事发现场，或者销毁证据阻碍调查的情况。

第十二条 开展突发环境事件调查，应当查明有关环境保护主管部门环境应急管理方面的下列情况：

（一）按规定编制环境应急预案和对预案进行评估、备案、演练等的情况，以及按规定对突发环境事件发生单位环境应急预案实施备案管理的情况；

（二）按规定赶赴现场并及时报告的情况；

（三）按规定组织开展环境应急监测的情况；

（四）按职责向履行统一领导职责的人民政府提出突发环境事件处置或者信息发布建议的情况；

（五）突发环境事件已经或者可能涉及相邻行政区域时，事发地环境保护主管部门向相邻行政区域环境保护主管部门的通报情况；

（六）接到相邻行政区域突发环境事件信息后，相关环境保护主管部门按规定调查了解并报告的情况；

（七）按规定开展突发环境事件污染损害评估的情况。

第十三条　开展突发环境事件调查，应当收集地方人民政府和有关部门在突发环境事件发生单位建设项目立项、审批、验收、执法等日常监管过程中和突发环境事件应对、组织开展突发环境事件污染损害评估等环节履职情况的证据材料。

第十四条　开展突发环境事件调查，应当在查明突发环境事件基本情况后，编写突发环境事件调查报告。

第十五条　突发环境事件调查报告应当包括下列内容：

（一）突发环境事件发生单位的概况和突发环境事件发生经过；

（二）突发环境事件造成的人身伤亡、直接经济损失，环境污染和生态破坏的情况；

（三）突发环境事件发生的原因和性质；

（四）突发环境事件发生单位对环境风险的防范、隐患整改和应急处置情况；

（五）地方人民政府和相关部门日常监管和应急处置情况；

（六）责任认定和对突发环境事件发生单位、责任人的处理建议；

（七）突发环境事件防范和整改措施建议；

（八）其他有必要报告的内容。

第十六条　特别重大突发环境事件、重大突发环境事件的调查期限为六十日；较大突发环境事件和一般突发环境事件的调查期限为三十日。突发环境事件污染损害评估所需时间不计入调查期限。

调查组应当按照前款规定的期限完成调查工作，并向同级人民政府和上一级环境保护主管部门提交调查报告。

调查期限从突发环境事件应急状态终止之日起计算。

第十七条 环境保护主管部门应当依法向社会公开突发环境事件的调查结论、环境影响和损失的评估结果等信息。

第十八条 突发环境事件调查过程中发现突发环境事件发生单位涉及环境违法行为的，调查组应当及时向相关环境保护主管部门提出处罚建议。相关环境保护主管部门应当依法对事发单位及责任人员予以行政处罚；涉嫌构成犯罪的，依法移送司法机关追究刑事责任。发现其他违法行为的，环境保护主管部门应当及时向有关部门移送。

发现国家行政机关及其工作人员、突发环境事件发生单位中由国家行政机关任命的人员涉嫌违法违纪的，环境保护主管部门应当依法及时向监察机关或者有关部门提出处分建议。

第十九条 对于连续发生突发环境事件，或者突发环境事件造成严重后果的地区，有关环境保护主管部门可以约谈下级地方人民政府主要领导。

第二十条 环境保护主管部门应当将突发环境事件发生单位的环境违法信息记入社会诚信档案，并及时向社会公布。

第二十一条 环境保护主管部门可以根据调查报告，对下级人民政府、下级环境保护主管部门下达督促落实突发环境事件调查报告有关防范和整改措施建议的督办通知，并明确责任单位、工作任务和完成时限。

接到督办通知的有关人民政府、环境保护主管部门应当在规定时限内，书面报送事件防范和整改措施建议的落实情况。

第二十二条 本办法由环境保护部负责解释。

第二十三条 本办法自 2015 年 3 月 1 日起施行。

附录十　突发环境事件应急管理办法

环境保护部令

部令　第 34 号

突发环境事件应急管理办法

《突发环境事件应急管理办法》已于 2015 年 3 月 19 日由环境保护部部务会议通过，现予公布，自 2015 年 6 月 5 日起施行。

部长　陈吉宁

2015 年 4 月 16 日

突发环境事件应急管理办法

第一章 总 则

第一条 为预防和减少突发环境事件的发生，控制、减轻和消除突发环境事件引起的危害，规范突发环境事件应急管理工作，保障公众生命安全、环境安全和财产安全，根据《中华人民共和国环境保护法》《中华人民共和国突发事件应对法》《国家突发环境事件应急预案》及相关法律法规，制定本办法。

第二条 各级环境保护主管部门和企业事业单位组织开展的突发环境事件风险控制、应急准备、应急处置、事后恢复等工作，适用本办法。

本办法所称突发环境事件，是指由于污染物排放或者自然灾害、生产安全事故等因素，导致污染物或者放射性物质等有毒有害物质进入大气、水体、土壤等环境介质，突然造成或者可能造成环境质量下降，危及公众身体健康和财产安全，或者造成生态环境破坏，或者造成重大社会影响，需要采取紧急措施予以应对的事件。

突发环境事件按照事件严重程度，分为特别重大、重大、较大和一般四级。

核设施及有关核活动发生的核与辐射事故造成的辐射污染事件按照核与辐射相关规定执行。重污染天气应对工作按照《大气污染防治行动计划》等有关规定执行。

造成国际环境影响的突发环境事件的涉外应急通报和处置工作，按照国家有关国际合作的相关规定执行。

第三条 突发环境事件应急管理工作坚持预防为主、预防与应急相结合的原则。

第四条 突发环境事件应对，应当在县级以上地方人民政府的统一领导下，建立分类管理、分级负责、属地管理为主的应急管理体制。

县级以上环境保护主管部门应当在本级人民政府的统一领导下，对突发环境事件应急管理日常工作实施监督管理，指导、协助、督促下级人民政府及其有关部门做好突发环境事件应对工作。

第五条 县级以上地方环境保护主管部门应当按照本级人民政府的要求，会同有关部门建立健全突发环境事件应急联动机制，加强突发环境事件应急管理。

相邻区域地方环境保护主管部门应当开展跨行政区域的突发环境事件应急合作，共同防范、互通信息，协力应对突发环境事件。

第六条 企业事业单位应当按照相关法律法规和标准规范的要求，履行下列义务：

（一）开展突发环境事件风险评估；

（二）完善突发环境事件风险防控措施；

（三）排查治理环境安全隐患；

（四）制定突发环境事件应急预案并备案、演练；

（五）加强环境应急能力保障建设。

发生或者可能发生突发环境事件时，企业事业单位应当依法进行处置，并对所造成的损害承担责任。

第七条 环境保护主管部门和企业事业单位应当加强突发环境事件应急管理的宣传和教育，鼓励公众参与，增强防范和应对突发环境事件的知识和意识。

第二章 风险控制

第八条 企业事业单位应当按照国务院环境保护主管部门的有关规定开展突发环境事件风险评估，确定环境风险防范和环境安全隐患排查治理措施。

第九条 企业事业单位应当按照环境保护主管部门的有关要求和技术规范，完善突发环境事件风险防控措施。

前款所指的突发环境事件风险防控措施，应当包括有效防止泄漏物质、消防水、污染雨水等扩散至外环境的收集、导流、拦截、降污等措施。

第十条 企业事业单位应当按照有关规定建立健全环境安全隐患排查治理制度，建立隐患排查治理档案，及时发现并消除环境安全隐患。

对于发现后能够立即治理的环境安全隐患，企业事业单位应当立即采取措施，消除环境安全隐患。对于情况复杂、短期内难以完成治理，可能产生较大环境危害的环境安全隐患，应当制定隐患治理方案，落实整改措施、责任、资金、时限和现场应急预案，及时消除隐患。

第十一条　县级以上地方环境保护主管部门应当按照本级人民政府的统一要求，开展本行政区域突发环境事件风险评估工作，分析可能发生的突发环境事件，提高区域环境风险防范能力。

第十二条　县级以上地方环境保护主管部门应当对企业事业单位环境风险防范和环境安全隐患排查治理工作进行抽查或者突击检查，将存在重大环境安全隐患且整治不力的企业信息纳入社会诚信档案，并可以通报行业主管部门、投资主管部门、证券监督管理机构以及有关金融机构。

第三章　应急准备

第十三条　企业事业单位应当按照国务院环境保护主管部门的规定，在开展突发环境事件风险评估和应急资源调查的基础上制定突发环境事件应急预案，并按照分类分级管理的原则，报县级以上环境保护主管部门备案。

第十四条　县级以上地方环境保护主管部门应当根据本级人民政府突发环境事件专项应急预案，制定本部门的应急预案，报本级人民政府和上级环境保护主管部门备案。

第十五条　突发环境事件应急预案制定单位应当定期开展应急演练，撰写演练评估报告，分析存在问题，并根据演练情况及时修改完善应急预案。

第十六条　环境污染可能影响公众健康和环境安全时，县级以上地方环境保护主管部门可以建议本级人民政府依法及时公布环境污染公共监测预警信息，启动应急措施。

第十七条　县级以上地方环境保护主管部门应当建立本行政区域突发环境事件信息收集系统，通过"12369"环保举报热线、新闻媒体等多种途径收集突发环境事件信息，并加强跨区域、跨部门突发环境事件信息交流与合作。

第十八条　县级以上地方环境保护主管部门应当建立健全环境应急

值守制度，确定应急值守负责人和应急联络员并报上级环境保护主管部门。

第十九条 企业事业单位应当将突发环境事件应急培训纳入单位工作计划，对从业人员定期进行突发环境事件应急知识和技能培训，并建立培训档案，如实记录培训的时间、内容、参加人员等信息。

第二十条 县级以上环境保护主管部门应当定期对从事突发环境事件应急管理工作的人员进行培训。

省级环境保护主管部门以及具备条件的市、县级环境保护主管部门应当设立环境应急专家库。

县级以上地方环境保护主管部门和企业事业单位应当加强环境应急处置救援能力建设。

第二十一条 县级以上地方环境保护主管部门应当加强环境应急能力标准化建设，配备应急监测仪器设备和装备，提高重点流域区域水、大气突发环境事件预警能力。

第二十二条 县级以上地方环境保护主管部门可以根据本行政区域的实际情况，建立环境应急物资储备信息库，有条件的地区可以设立环境应急物资储备库。

企业事业单位应当储备必要的环境应急装备和物资，并建立完善相关管理制度。

第四章 应急处置

第二十三条 企业事业单位造成或者可能造成突发环境事件时，应当立即启动突发环境事件应急预案，采取切断或者控制污染源以及其他防止危害扩大的必要措施，及时通报可能受到危害的单位和居民，并向事发地县级以上环境保护主管部门报告，接受调查处理。

应急处置期间，企业事业单位应当服从统一指挥，全面、准确地提供本单位与应急处置相关的技术资料，协助维护应急现场秩序，保护与突发环境事件相关的各项证据。

第二十四条 获知突发环境事件信息后，事件发生地县级以上地方环境保护主管部门应当按照《突发环境事件信息报告办法》规定的时限、程序和要求，向同级人民政府和上级环境保护主管部门报告。

第二十五条　突发环境事件已经或者可能涉及相邻行政区域的，事件发生地环境保护主管部门应当及时通报相邻区域同级环境保护主管部门，并向本级人民政府提出向相邻区域人民政府通报的建议。

第二十六条　获知突发环境事件信息后，县级以上地方环境保护主管部门应当立即组织排查污染源，初步查明事件发生的时间、地点、原因、污染物质及数量、周边环境敏感区等情况。

第二十七条　获知突发环境事件信息后，县级以上地方环境保护主管部门应当按照《突发环境事件应急监测技术规范》开展应急监测，及时向本级人民政府和上级环境保护主管部门报告监测结果。

第二十八条　应急处置期间，事发地县级以上地方环境保护主管部门应当组织开展事件信息的分析、评估，提出应急处置方案和建议报本级人民政府。

第二十九条　突发环境事件的威胁和危害得到控制或者消除后，事发地县级以上地方环境保护主管部门应当根据本级人民政府的统一部署，停止应急处置措施。

第五章　事后恢复

第三十条　应急处置工作结束后，县级以上地方环境保护主管部门应当及时总结、评估应急处置工作情况，提出改进措施，并向上级环境保护主管部门报告。

第三十一条　县级以上地方环境保护主管部门应当在本级人民政府的统一部署下，组织开展突发环境事件环境影响和损失等评估工作，并依法向有关人民政府报告。

第三十二条　县级以上环境保护主管部门应当按照有关规定开展事件调查，查清突发环境事件原因，确认事件性质，认定事件责任，提出整改措施和处理意见。

第三十三条　县级以上地方环境保护主管部门应当在本级人民政府的统一领导下，参与制定环境恢复工作方案，推动环境恢复工作。

第六章　信息公开

第三十四条　企业事业单位应当按照有关规定，采取便于公众知晓和查询的方式公开本单位环境风险防范工作开展情况、突发环境事件应急预案及演练情况、突发环境事件发生及处置情况，以及落实整改要求情况等环境信息。

第三十五条 突发环境事件发生后，县级以上地方环境保护主管部门应当认真研判事件影响和等级，及时向本级人民政府提出信息发布建议。履行统一领导职责或者组织处置突发事件的人民政府，应当按照有关规定统一、准确、及时发布有关突发事件事态发展和应急处置工作的信息。

第三十六条 县级以上环境保护主管部门应当在职责范围内向社会公开有关突发环境事件应急管理的规定和要求，以及突发环境事件应急预案及演练情况等环境信息。

县级以上地方环境保护主管部门应当对本行政区域内突发环境事件进行汇总分析，定期向社会公开突发环境事件的数量、级别，以及事件发生的时间、地点、应急处置概况等信息。

第七章 罚 则

第三十七条 企业事业单位违反本办法规定，导致发生突发环境事件，《中华人民共和国突发事件应对法》《中华人民共和国水污染防治法》《中华人民共和国大气污染防治法》《中华人民共和国固体废物污染环境防治法》等法律法规已有相关处罚规定的，依照有关法律法规执行。

较大、重大和特别重大突发环境事件发生后，企业事业单位未按要求执行停产、停排措施，继续违反法律法规规定排放污染物的，环境保护主管部门应当依法对造成污染物排放的设施、设备实施查封、扣押。

第三十八条 企业事业单位有下列情形之一的，由县级以上环境保护主管部门责令改正，可以处一万元以上三万元以下罚款：

（一）未按规定开展突发环境事件风险评估工作，确定风险等级的；

（二）未按规定开展环境安全隐患排查治理工作，建立隐患排查治理档案的；

（三）未按规定将突发环境事件应急预案备案的；

（四）未按规定开展突发环境事件应急培训，如实记录培训情况的；

（五）未按规定储备必要的环境应急装备和物资；

（六）未按规定公开突发环境事件相关信息的。

第八章 附 则

第三十九条 本办法由国务院环境保护主管部门负责解释。

第四十条 本办法自 2015 年 6 月 5 日起施行。

附录十一 企业突发环境事件隐患排查
和治理工作指南
（试行）

1 适用范围

本指南适用于企业为防范火灾、爆炸、泄漏等生产安全事故直接导致或次生突发环境事件而自行组织的突发环境事件隐患（以下简称隐患）排查和治理。本指南未作规定事宜，应符合有关国家和行业标准的要求或规定。

2 依据

2.1 法律法规规章及规范性文件

《中华人民共和国突发事件应对法》；

《中华人民共和国环境保护法》；

《中华人民共和国大气污染防治法》；

《中华人民共和国水污染防治法》；

《中华人民共和国固体废物污染环境防治法》；

《国家危险废物名录》（环境保护部　国家发展和改革委　公安部令第 39 号）；

《突发环境事件调查处理办法》（环境保护部令第 32 号）；

《突发环境事件应急管理办法》（环境保护部令第 34 号）；

《企业事业单位突发环境事件应急预案备案管理办法（试行）》（环发〔2015〕4 号）。

2.2 标准、技术规范、文件

本指南引用了下列文件中的条款。凡是不注日期的引用文件，其有效版本适用于本指南。

《危险废物贮存污染控制标准》（GB 18597）；

《石油化工企业设计防火规范》（GB 50160）；

《化工建设项目环境保护设计规范》（GB 50483）；

《石油储备库设计规范》（GB 50737）；

《石油化工污水处理设计规范》（GB 50747）；

《石油化工企业给水排水系统设计规范》（SH 3015）；

《石油化工企业环境保护设计规范》（SH 3024）；

《企业突发环境事件风险评估指南（试行）》（环办〔2014〕34 号）；

《建设项目环境风险评价技术导则》（HJ/T 169）。

3　隐患排查内容

从环境应急管理和突发环境事件风险防控措施两大方面排查可能直接导致或次生突发环境事件的隐患。

3.1　企业突发环境事件应急管理

3.1.1　按规定开展突发环境事件风险评估，确定风险等级情况。

3.1.2　按规定制定突发环境事件应急预案并备案情况。

3.1.3　按规定建立健全隐患排查治理制度，开展隐患排查治理工作和建立档案情况。

3.1.4　按规定开展突发环境事件应急培训，如实记录培训情况。

3.1.5　按规定储备必要的环境应急装备和物资情况。

3.1.6　按规定公开突发环境事件应急预案及演练情况。

可参考附表 11-1 企业突发环境事件应急管理隐患排查表，就上述3.1.1 至 3.1.6 内容开展相关隐患排查。

3.2　企业突发环境事件风险防控措施

3.2.1　突发水环境事件风险防控措施

从以下几方面排查突发水环境事件风险防范措施：

（1）是否设置中间事故缓冲设施、事故应急水池或事故存液池等各类应急池；应急池容积是否满足环评文件及批复等相关文件要求；应急池位置是否合理，是否能确保所有受污染的雨水、消防水和泄漏物等通过排水系统接入应急池或全部收集；是否通过厂区内部管线或协议单位，将所收集的废（污）水送至污水处理设施处置。

（2）正常情况下厂区内涉危险化学品或其他有毒有害物质的各个生产装置、罐区、装卸区、作业场所和危险废物贮存设施（场所）的排水管道（如围堰、防火堤、装卸区污水收集池）接入雨水或清净下水系统的阀（闸）是否关闭，通向应急池或废水处理系统的阀（闸）是否打开；受污染的冷却水和上述场所的墙壁、地面冲洗水和受污染的雨水（初期雨水）、消防水等是否都能排入生产废水处理系统或独立的处理系统；有排洪沟（排洪涵洞）或河道穿过厂区时，排洪沟（排洪涵洞）是否与渗漏观察井、生产废水、清净下水排放管道连通。

（3）雨水系统、清净下水系统、生产废（污）水系统的总排放口是否设置监视及关闭闸（阀），是否设专人负责在紧急情况下关闭总排口，确保受污染的雨水、消防水和泄漏物等全部收集。

3.2.2 突发大气环境事件风险防控措施

从以下几方面排查突发大气环境事件风险防控措施：

（1）企业与周边重要环境风险受体的各类防护距离是否符合环境影响评价文件及批复的要求；

（2）涉有毒有害大气污染物名录的企业是否在厂界建设针对有毒有害特征污染物的环境风险预警体系；

（3）涉有毒有害大气污染物名录的企业是否定期监测或委托监测有毒有害大气特征污染物；

（4）突发环境事件信息通报机制建立情况，是否能在突发环境事件发生后及时通报可能受到污染危害的单位和居民。

可参考附表11-2企业突发环境事件风险防控措施隐患排查表，结合自身实际制定本企业突发环境事件风险防控措施隐患排查清单。

4 隐患分级

4.1 分级原则

根据可能造成的危害程度、治理难度及企业突发环境事件风险等级，隐患分为重大突发环境事件隐患（以下简称重大隐患）和一般突发环境事件隐患（以下简称一般隐患）。

具有以下特征之一的可认定为重大隐患，除此之外的隐患可认定为一般隐患：

（1）情况复杂，短期内难以完成治理并可能造成环境危害的隐患；

（2）可能产生较大环境危害的隐患，如可能造成有毒有害物质进入大气、水、土壤等环境介质次生较大以上突发环境事件的隐患。

4.2 企业自行制定分级标准

企业应根据前述关于重大隐患和一般隐患的分级原则、自身突发环境事件风险等级等实际情况，制定本企业的隐患分级标准。可以立即完成治理的隐患一般可不判定为重大隐患。

5 企业隐患排查治理的基本要求

5.1 建立完善隐患排查治理管理机构

企业应当建立并完善隐患排查管理机构，配备相应的管理和技术人员。

5.2 建立隐患排查治理制度

企业应当按照下列要求建立健全隐患排查治理制度：

5.2.1 建立隐患排查治理责任制。企业应当建立健全从主要负责人到每位作业人员，覆盖各部门、各单位、各岗位的隐患排查治理责任体系；明确主要负责人对本企业隐患排查治理工作全面负责，统一组织、领导和协调本单位隐患排查治理工作，及时掌握、监督重大隐患治理情况；明确分管隐患排查治理工作的组织机构、责任人和责任分工，按照生产区、储运区或车间、工段等划分排查区域，明确每个区域的责任人，逐级建立并落实隐患排查治理岗位责任制。

5.2.2 制定突发环境事件风险防控设施的操作规程和检查、运行、维修与维护等规定，保证资金投入，确保各设施处于正常完好状态。

5.2.3 建立自查、自报、自改、自验的隐患排查治理组织实施制度。

5.2.4 如实记录隐患排查治理情况，形成档案文件并做好存档。

5.2.5 及时修订企业突发环境事件应急预案、完善相关突发环境事件风险防控措施。

5.2.6 定期对员工进行隐患排查治理相关知识的宣传和培训。

5.2.7 有条件的企业应当建立与企业相关信息化管理系统联网的突发环境事件隐患排查治理信息系统。

5.3 明确隐患排查方式和频次

5.3.1 企业应当综合考虑企业自身突发环境事件风险等级、生产工况等因素合理制定年度工作计划，明确排查频次、排查规模、排查项目等内容。

5.3.2 根据排查频次、排查规模、排查项目不同，排查可分为综合排查、日常排查、专项排查及抽查等方式。企业应建立以日常排查为主的隐患排查工作机制，及时发现并治理隐患。

综合排查是指企业以厂区为单位开展全面排查，一年应不少于一次。

日常排查是指以班组、工段、车间为单位，组织的对单个或几个项目采取日常的、巡视性的排查工作，其频次根据具体排查项目确定。一月应不少于一次。

专项排查是在特定时间或对特定区域、设备、措施进行的专门性排查。其频次根据实际需要确定。

企业可根据自身管理流程，采取抽查方式排查隐患。

5.3.3 在完成年度计划的基础上，当出现下列情况时，应当及时组织隐患排查：

（1）出现不符合新颁布、修订的相关法律、法规、标准、产业政策等情况的；

（2）企业有新建、改建、扩建项目的；

（3）企业突发环境事件风险物质发生重大变化导致突发环境事件风险等级发生变化的；

（4）企业管理组织应急指挥体系机构、人员与职责发生重大变化的；

（5）企业生产废水系统、雨水系统、清净下水系统、事故排水系统发生变化的；

（6）企业废水总排口、雨水排口、清净下水排口与水环境风险受体连接通道发生变化的；

（7）企业周边大气和水环境风险受体发生变化的；

（8）季节转换或发布气象灾害预警、地质地震灾害预报的；

（9）敏感时期、重大节假日或重大活动前；

（10）突发环境事件发生后或本地区其他同类企业发生突发环境事件的；

（11）发生生产安全事故或自然灾害的；

（12）企业停产后恢复生产前。

5.4 隐患排查治理的组织实施

5.4.1 自查。企业根据自身实际制定隐患排查表，包括所有突发环境事件风险防控设施及其具体位置、排查时间、现场排查负责人（签字）、排查项目现状、是否为隐患、可能导致的危害、隐患级别、完成时间等内容。

5.4.2 自报。企业的非管理人员发现隐患应当立即向现场管理人员或者本单位有关负责人报告；管理人员在检查中发现隐患应当向本单位有关负责人报告。接到报告的人员应当及时予以处置。

在日常交接班过程中，做好隐患治理情况交接工作；隐患治理过程中，明确每一工作节点的责任人。

5.4.3 自改。一般隐患必须确定责任人，立即组织治理并确定完成时限，治理完成情况要由企业相关负责人签字确认，予以销号。

重大隐患要制定治理方案，治理方案应包括：治理目标、完成时间和达标要求、治理方法和措施、资金和物资、负责治理的机构和人员责任、治理过程中的风险防控和应急措施或应急预案。重大隐患治理方案应报企业相关负责人签发，抄送企业相关部门落实治理。

企业负责人要及时掌握重大隐患治理进度，可指定专门负责人对治理进度进行跟踪监控，对不能按期完成治理的重大隐患，及时发出督办通知，加大治理力度。

5.4.4 自验。重大隐患治理结束后企业应组织技术人员和专家对治理效果进行评估和验收，编制重大隐患治理验收报告，由企业相关负责人签字确认，予以销号。

5.5 加强宣传培训和演练

企业应当定期就企业突发环境事件应急管理制度、突发环境事件风险防控措施的操作要求、隐患排查治理案例等开展宣传和培训，并通过演练检验各项突发环境事件风险防控措施的可操作性，提高从业人员隐患排查治理能力和风险防范水平。如实记录培训、演练的时间、内容、参加人员以及考核结果等情况，并将培训情况备案存档。

5.6 建立档案

及时建立隐患排查治理档案。隐患排查治理档案包括企业隐患分级标准、隐患排查治理制度、年度隐患排查治理计划、隐患排查表、隐患报告单、重大隐患治理方案、重大隐患治理验收报告、培训和演练记录以及相关会议纪要、书面报告等隐患排查治理过程中形成的各种书面材料。隐患排查治理档案应至少留存五年，以备环境保护主管部门抽查。

附表 11-1　企业突发环境事件应急管理隐患排查表

（企业可参考本表制定符合本企业实际情况的自查用表）

排查时间：　年　月　日　　　　　　　　　　　现场排查负责人（签字）：

排查内容	具体排查内容	排查结果		
		是，证明材料	否，具体问题	其他情况
1. 是否按规定开展突发环境事件风险评估，确定风险等级	（1）是否编制突发环境事件风险评估报告，并与预案一起备案			
	（2）企业现有突发环境事件风险物质种类和风险评估报告相比是否发生变化			
	（3）企业现有突发环境事件风险物质数量和风险评估报告相比是否发生变化			
	（4）企业突发环境事件风险物质种类、数量变化是否影响风险等级			
	（5）突发环境事件风险等级确定是否正确合理			
	（6）突发环境事件风险评估是否通过评审			
2. 是否按规定制定突发环境事件应急预案并备案	（7）是否按要求对预案进行评审，评审意见是否及时落实			
	（8）是否将预案进行了备案，是否每三年进行回顾性评估			
	（9）出现下列情况预案是否进行了及时修订。 ① 面临的突发环境事件风险发生重大变化，需要重新进行风险评估； ② 应急管理组织指挥体系与职责发生重大变化； ③ 环境应急监测预警机制发生重大变化，报告联络信息及机制发生重大变化； ④ 环境应急应对流程体系和措施发生重大变化； ⑤ 环境应急保障措施及保障体系发生重大变化； ⑥ 重要应急资源发生重大变化； ⑦ 在突发环境事件实际应对和应急演练中发现问题，需要对环境应急预案作出重大调整的			

排查内容	具体排查内容	排查结果		
		是,证明材料	否,具体问题	其他情况
3. 是否按规定建立健全隐患排查治理制度,开展隐患排查治理工作和建立档案	(10)是否建立隐患排查治理责任制			
	(11)是否制定本单位的隐患分级规定			
	(12)是否有隐患排查治理年度计划			
	(13)是否建立隐患记录报告制度,是否制定隐患排查表			
	(14)重大隐患是否制定治理方案			
	(15)是否建立重大隐患督办制度			
	(16)是否建立隐患排查治理档案			
4. 是否按规定开展突发环境事件应急培训,如实记录培训情况	(17)是否将应急培训纳入单位工作计划			
	(18)是否开展应急知识和技能培训			
	(19)是否健全培训档案,如实记录培训时间、内容、人员等情况			
5. 是否按规定储备必要的环境应急装备和物资	(20)是否按规定配备足以应对预设事件情景的环境应急装备和物资			
	(21)是否已设置专职或兼职人员组成的应急救援队伍			
	(22)是否与其他组织或单位签订应急救援协议或互救协议			
	(23)是否对现有物资进行定期检查,对已消耗或耗损的物资装备进行及时补充			
6. 是否按规定公开突发环境事件应急预案及演练情况	(24)是否按规定公开突发环境事件应急预案及演练情况			

附表 11-2　企业突发环境事件风险防控措施隐患排查表

企业可参考本表制定符合本企业实际情况的自查用表。一般企业有多个风险单元，应针对每个单元制定相应的隐患排查表。

排查时间：　年　月　日　　　　　　　　　　　　　现场排查负责人（签字）

排查项目	现状	可能导致的危害（是隐患的填写）	隐患级别	治理期限	备注
一、中间事故缓冲设施、事故应急水池或事故存液池（以下统称应急池）					
1. 是否设置应急池					
2. 应急池容积是否满足环评文件及批复等相关文件要求					
3. 应急池在非事故状态下需占用时，是否符合相关要求，并设有在事故时可以紧急排空的技术措施					
4. 应急池位置是否合理，消防水和泄漏物是否能自流进入应急池；如消防水和泄漏物不能自流进入应急池，是否配备有足够能力的排水管和泵，确保泄漏物和消防水能够全部收集					
5. 接纳消防水的排水系统是否具有接纳最大消防水量的能力，是否设有防止消防水和泄漏物排出厂外的措施					
6. 是否通过厂区内部管线或协议单位，将所收集的废（污）水送至污水处理设施处理					
二、厂内排水系统					
7. 装置区围堰、罐区防火堤外是否设置排水切换阀，正常情况下通向雨水系统的阀门是否关闭，通向应急池或污水处理系统的阀门是否打开					
8. 所有生产装置、罐区、油品及化学原料装卸台、作业场所和危险废物贮存设施（场所）的墙壁、地面冲洗水和受污染的雨水（初期雨水）、消防水，是否都能排入生产废水系统或独立的处理系统					

排查项目	现状	可能导致的危害（是隐患的填写）	隐患级别	治理期限	备注
9. 是否有防止受污染的冷却水、雨水进入雨水系统的措施，受污染的冷却水是否都能排入生产废水系统或独立的处理系统					
10. 各种装卸区（包括厂区码头、铁路、公路）产生的事故液、作业面污水是否设置污水和事故液收集系统，是否有防止事故液、作业面污水进入雨水系统或水域的措施					
11. 有排洪沟（排洪涵洞）或河道穿过厂区时，排洪沟（排洪涵洞）是否与渗漏观察井、生产废水、清净下水排放管道连通					
三、雨水、清净下水和污（废）水的总排口					
12. 雨水、清净下水、排洪沟的厂区总排口是否设置监视及关闭闸（阀），是否设专人负责在紧急情况下关闭总排口，确保受污染的雨水、消防水和泄漏物等排出厂界					
13. 污（废）水的排水总出口是否设置监视及关闭闸（阀），是否设专人负责关闭总排口，确保不合格废水、受污染的消防水和泄漏物等不会排出厂界					
四、突发大气环境事件风险防控措施					
14. 企业与周边重要环境风险受体的各种防护距离是否符合环境影响评价文件及批复的要求					
15. 涉有毒有害大气污染物名录的企业是否在厂界建设针对有毒有害污染物的环境风险预警体系					
16. 涉有毒有害大气污染物名录的企业是否定期监测或委托监测有毒有害大气特征污染物					
17. 突发环境事件信息通报机制建立情况，是否能在突发环境事件发生后及时通报可能受到污染危害的单位和居民					

附录十二　企业事业单位突发环境事件应急预案评审工作指南

（试行）

为指导企业事业单位（以下简称企业）组织评审突发环境事件应急预案（以下简称环境应急预案），提高评审的规范性、客观性、针对性，有效发挥评审作用，按照《企业事业单位突发环境事件应急预案备案管理办法（试行）》（以下简称《备案管理办法》）规定，制定本指南。

本指南规定了企业组织评审环境应急预案的基本要求、评审内容、评审方法、评审程序，并附有评审表等表格，供企业和评审人员参考。

1　适用范围

本指南适用于需要备案的企业组织对其环境应急预案及相关文件的评审。

2　主要依据

《中华人民共和国突发事件应对法》；

《中华人民共和国环境保护法》；

《中华人民共和国大气污染防治法》；

《中华人民共和国水污染防治法》；

《中华人民共和国固体废物污染环境防治法》；

《突发事件应急预案管理办法》（国办发〔2013〕101号）；

《国家突发环境事件应急预案》（国办函〔2014〕119号）；

《突发环境事件应急管理办法》（环境保护部令第34号）；

《企业事业单位突发环境事件应急预案备案管理办法（试行）》（环发〔2015〕4号）；

《企业突发环境事件风险评估指南（试行）》（环办〔2014〕34号）；

《石油化工企业环境应急预案编制指南》（环办〔2010〕10号）；

《尾矿库环境应急预案编制指南》（环办〔2015〕48号）；

《企业突发环境事件隐患排查和治理工作指南（试行）》（环境保护部公告2016年第74号）；

《危险废物经营单位编制应急预案指南》（原国家环境保护总局公告

2007 年第 48 号）；

《突发环境事件应急监测技术规范》；

《尾矿库环境风险评估技术导则（试行）》；

《建设项目环境影响评价技术导则　总纲》；

《建设项目环境风险评价技术导则》。

凡是不注日期的引用文件，其有效版本适用于本指南。

3　术语和定义

下列术语和定义适用于本指南。

3.1　环境应急预案

企业为了在应对各类事故、自然灾害时，采取紧急措施，避免或最大程度减少污染物或其他有毒有害物质进入厂界外大气、水体、土壤等环境介质，而预先制定的工作方案。

3.2　环境应急预案评审

制定环境应急预案的企业，组织专家和可能受影响的居民代表、单位代表，对环境应急预案及其相关文件进行评议和审查，必要时进行现场查看核实，以发现环境应急预案中存在的缺陷，为企业审议、批准环境应急预案提供依据而进行的活动。

4　评审基本要求

4.1　评审主体

制定环境应急预案的企业。

4.2　评审时间

环境应急预案审签发布前。

4.3　评审人员

评审人员及其数量由企业自行确定。

评审人员，一般包括具有相关领域专业知识、实践经验的专家和可能受影响的居民代表、单位代表。其中，评审专家可以选自监管部门专家库、企业内部专家库、相关行业协会、同行业或周边企业具有环境保护、应急管理知识经验的人员，与企业有利害关系的一般应当回避。

评审人员数量，原则上较大以上突发环境事件风险（以下简称环境风险）企业不少于 5 人，一般环境风险企业不少于 3 人；其中，较大以上环境风险企业评审专家不少于 3 人，可能受影响的居民代表、单位代表不少于 2 人。

4.4 评审对象

评审对象为环境应急预案及其相关文件，包括环境应急预案及其编制说明、环境风险评估报告、环境应急资源调查报告（表）等文本。环境应急预案包括综合预案、专项预案、现场处置预案或其他形式预案的，可整体评审，并将这些预案之间的关系作为评审重点之一。

4.5 评审方式

评审可以采取会议评审、函审或者相结合的方式进行。较大以上环境风险企业，一般应采取会议评审方式，并对环境风险物质及环境风险单元、应急措施、应急资源等进行查看核实。

会议评审是指企业组织评审人员召开会议集中评审。

函审是指企业通过邮件等方式将环境应急预案文件送至评审人员分散评审。

4.6 评审经费

企业应将评审经费纳入编修环境应急预案的预算中。

5 评审内容

5.1 环境应急预案

重点评审环境应急预案的定位及与相关预案的衔接，组织指挥机构的构成及运行机制，信息传递、响应流程和措施等应对工作的方式方法，是否明确、合理、有可操作性，体现"先期处置"和"救环境"特点。

5.2 突发环境事件风险评估

重点评审风险分析是否合理、情景构建是否全面、完善风险防范措施的计划是否可行。

5.3 环境应急资源调查

重点评审调查内容是否全面、调查结果是否可信。

评审具体内容参见附表 12-1。

6 评审方法

定性判断和定量打分相结合。

6.1 评审人员定性判断

评审专家依据相关法律法规、技术文件，结合专业知识、实践经验等，对环境应急预案的针对性、实用性和可操作性整体给出定性判断结果；参与评审的居民代表、单位代表，重点评审环境应急预案能否为周边居民和单位提供事件信息、告知如何避险和参与应对，给出定性判断结果。

无单独的环境风险评估报告和环境应急资源调查报告（表）、未从可能的突发环境事件情景出发或典型突发环境事件情景缺失、周边居民和单位无法获得事件信息的，评审人员可以直接判定为未通过评审。

6.2 评审专家定量打分

各评审专家参照附表 12-1，对评审指标逐项给出"符合""部分符合""不符合"的结论，按照赋分原则逐项赋分、相加得出评审得分。结论为"部分符合""不符合"的应说明原因。

各评审专家评审得分的算术平均值为定量打分结果。评审得分差异过大时，评审组组长应组织进行讨论、确定定量打分结果。

6.3 得出评审结论

综合评审人员的定性判断和定量打分结果，对环境应急预案作出通过评审、原则通过评审但需进行修改复核或未通过评审的结论。

评审结论可参照以下原则确定：定量打分结果大于 80 分（含 80 分）的，为通过评审；小于 60 分（不含 60 分）的，为未通过评审；其他，为原则通过但需进行修改复核。

定性判断结果为未通过评审的，可以直接对环境应急预案作出未通过评审的结论，不再进行评审专家定量打分。

6.4 评审表优化调整

评审组组长可以针对被评审环境应急预案的具体情况，优化调整不适用的评审指标。原则上，评审得分满分为 100 分，环境应急预案所占分值不低于 60 分。对指标的优化调整应作出说明。

地方环保部门可以结合当地实际，补充调整评审指标及权重，也可以制定分行业的评审表。

7 评审程序

7.1 评审准备

（1）确定评审人员、时间、地点、具体方式。

（2）准备评审材料，包括环境应急预案及其编制说明、突发环境事件风险评估报告、环境应急资源调查报告（表）等文本，并在评审前送达评审人员。

7.2 评审实施

会议评审的，一般按以下程序进行。函审参照执行。

（1）企业负责人介绍评审安排、评审人员。

（2）评审人员组成评审组，确定评审组组长。

（3）企业负责人介绍环境应急预案和编修过程，向评审人员说明重点内容。

（4）评审组组长对评审进行适当分工，组织进行资料审核、现场查验、定性判断和定量打分。现场查验可以在会议评审前进行。

（5）评审组开展定性判断和定量打分。定性判断为未通过的，可以结束评审。

（6）评审组组长汇总评审情况，形成初步评审意见。

（7）评审组与企业相关人员进行沟通，参照附表 12-2 形成评审意见。评审意见一般包括评审过程、总体评价、评审结论、问题清单、修改意见建议等内容，附定量打分结果和各评审专家评审表。

7.3 评审意见使用

企业对照评审意见修改完善环境应急预案，并说明修改情况。

评审结论为原则通过但需进行修改复核的，企业参照附表 12-3 形成修改说明，送评审组组长复核。涉及设施设备的一般应附现场图片，评审组组长对修改内容进行复核并签字确认。必要时，评审组组长应征求其他评审人员的意见。

评审结论为未通过评审的，企业应当对环境应急预案进行修改，重新组织评审。

评审意见、修改说明应与环境应急预案一并提交企业有关会议审议。

附表 12-1　企业事业单位突发环境事件应急预案评审表

附表 12-2　企业事业单位突发环境事件应急预案评审意见表

附表 12-3　企业事业单位突发环境事件应急预案修改说明表

附表 12-1　企业事业单位突发环境事件应急预案评审表

预案编制单位：_____

（专业技术服务机构：_____）

企业环境风险级别：□一般；□较大；□重大

"一票否决"项（以下三项中任意一项判定为"不符合"，则评审结论为"未通过"）

评审指标	评审意见		指标说明（本栏由企业填写）
	判定	说明	
有单独的环境风险评估报告和环境应急资源调查报告（表）	□符合 □不符合		《突发事件应急预案管理办法》有关规定； 《备案管理办法》第十条要求，应当在开展环境风险评估和环境应急资源调查的基础上编制环境应急预案
从可能的突发环境事件情景出发编制且典型突发环境事件情景无缺失	□符合 □不符合		突发事件应对法有关规定； 《备案管理办法》第九、十条，均对企业从可能的突发环境事件情景出发编制环境应急预案提出了要求； 典型突发环境事件情景基于真实事件与预期风险凝练、集合而成，体现各类事件的共性与规律
能够让周边居民和单位获得事件信息	□符合 □不符合		《环境保护法》第四十七条规定，在发生或可能发生突发环境事件时，企业应当及时通报可能受到危害的单位和居民。《备案管理办法》第十条也提出了相应要求

环境应急预案及相关文件的基本形式

评审项目		评审指标	评审意见			指标说明
			判定	得分	说明	
封面目录	1ᵃ	封面有环境应急预案、预案编制单位名称、预案留正式发布预案的版本号、发布日期等设计；目录有编号、标题和页码，一般至少设置两级目录	□符合 □部分符合 □不符合			预案版本号为便于索引，回溯而在发布时赋予预案的标识号，企业可以按照内部技术号管理要求执行；预案各章节可以有多级标题，但在目录中至少列出两级标题、便于查找
结构	2ᵃ	结构完整、格式规范	□符合 □部分符合 □不符合			结构完整指预案文件布局合理、层次分明、无错漏章节、段落；正文对附件的引用、说明等，与附件索引、附件一致；格式规范指预案文件符合企业内部公文格式标准，或文件字体、字号、版式、层次等遵循一定的规范
行文	3ᵃ	文字准确、语言通顺、内容简明	□符合 □部分符合 □不符合			文字准确是指无明显错别字、多字、漏字、语句错误、数据错误，时间错误等现象；语言通顺是指语言符合语言规范、连贯、易懂，合乎事理逻辑，关键内容不会产生歧义等；内容简明是指环境应急预案、环境风险评估报告、预案正文和附件内容易找到，内容上无简单重复，大量引用等现象

续表

	序号	内容	环境应急预案编制说明	说明
过程说明	4[a]	说清预案修改过程	□符合 □部分符合 □不符合	编制过程主要包括成立环境应急预案编制工作组,开展环境风险评估和环境应急资源调查,征求关键岗位人员工和可能受影响的居民、单位代表的意见,组织对预案内容进行推演等
问题说明	5[a]	说明意见建议及采纳情况,演练暴露问题及解决解决措施	□符合 □部分符合 □不符合	一般应有意见建议清单,并说明采纳情况及未采纳理由;演练(一般为检验性的桌面推演)暴露性的问题及解决措施,并体现在预案中

	序号	内容	环境应急预案文本	说明
编制目的	6	体现:规范事件发生后的应对工作,提高事件应对能力,避免或减轻事件影响;加强企业与政府应对工作衔接	□符合 □部分符合 □不符合	此三项为预案的总纲。关于"规范事件发生后的应对工作",《突发事件应对法》《企业事业单位突发环境事件应急预案管理办法》强调应急预案重在"应对";关于"后续延伸至'恢复'",根据《备案管理办法》,实行企业与政府应急预案备案管理,其中一个重要作用是环保部门收集信息、服务于政府环境应急预案编修;另外,由于权限、职责、工作范围的不同,企业环境应急预案与政府预案的责任主体、组织实施该在在指挥、措施、程序等方面留有"接口",确保与政府环境预案有机衔接。
适用范围	7	明确:预案适用的主体、地理或管理范围、事件类别、工作内容	□符合 □部分符合 □不符合	
工作原则	8	体现:符合国家有关规定和要求;结合本单位实际;救人第一、环境优先;先期处置、防止危害扩大;快速响应、科学应对;应急工作与岗位职责相结合等	□符合 □部分符合 □不符合	适用主体,指组织实施预案的责任单位;地理或管理范围,如某公司内、某公司及周边环境敏感区域内;事件类别,如生产废水非正常排放、化学品泄漏、燃烧或爆炸次生环境事件等;工作内容,可包括预警、处置、修复。坚持环境优先,是因为环境一旦受到污染、修复难度大且成本高,应急任务要细化落实到具体工作岗位工作岗位。

续表

类别	序号	评价内容	评价结果	环境应急预案文本
应急预案体系	9b	以预案关系图的形式，说明本预案的组成及其组织之间的关系，与生产安全事故预案等其他预案的衔接关系，与地方人民政府其他环境应急预案的衔接关系，辅以必要的重点内容说明	□符合 □部分符合 □不符合	本项目的三项指标，主要考察企业在环境应急预案编制过程中能否清晰把握预案体系。具体对流程和措施等部分体现。
	10	预案体系构成合理，以现场处置预案为主，确有必要编制综合预案、专项预案，且定位清晰，有机衔接	□符合 □部分符合 □不符合	有的企业环境应急预案或其他组成，应说明这些组成之间的衔接关系。企业各个组成界定，有机衔接。一般应以现场处置预案为主，有针对性地提出各类事件情景下的污染防治措施，明确责任人员、工作流程，具体措施，落实到应急处置卡上。确保分类处置预案，综合预案侧重对原则，组织机构与职责，基本程序与要求，说明预案编制的，专项预案侧重针对某一类事件，明确应急程序和处置措施。如不涉及以上情况，可以说明预案的主体框架。
	11	预案整体定位清晰，与内部生产安全事故预案等其他预案清晰界定，相互支持，与地方人民政府环境应急预案有机衔接	□符合 □部分符合 □不符合	环境应急预案定位于控制并减轻、消除污染，与企业内部的污染防治相一致，其预案应与其他事故预案等其他事故预案界定、相互支持。企业突发环境事件一般以对外环境造成污染，其预案应与所在地政府环境应急预案协调一致，相互配合
组织指挥机制	12	以应急组织体系结构图的形式，说明组织体系构成，应急响应流程及其机制，配有应急队伍成员名单和联系方式	□符合 □部分符合 □不符合	以图表形式，说明应急组织构成，运行机制，联系人及联系方式

续表

		环境应急预案文本	
组织指挥机制	13	明确组织体系的构成及其职责。一般包括应急指挥部及其办事机构、现场处置组、环境应急监测组、应急保障组以及其他必要的行动组	□符合 □部分符合 □不符合	企业根据突发环境事件应急工作特点,建立由负责人和成员组成的、工作职责明确的环境应急组织机构。注意与企业突发事件应急预案以及生产安全等预案中组织指挥体系的衔接
	14	明确应急状态下指挥运行机制,建立统一的应急指挥、协调和决策程序	□符合 □部分符合 □不符合	指挥运行机制,指的是总指挥与各行动小组相互作用的程序和方式,能够对突发环境事件状态进行评估,迅速有效地进行应急决策,指挥和协调各行动小组活动,合理高效地调配和使用应急资源
	15	根据突发环境事件的危害程度、影响范围、周边环境敏感点,企业应急能力等,建立分级应急响应机制,明确不同应急响应级别对应的指挥权限	□符合 □部分符合 □不符合	例如有的企业将环境应急分为车间级、企业级、社会级,明确相应的指挥权限:车间负责人、企业负责人,接受当地政府指挥统一指挥
	16	说明企业与政府及其有关部门之间的关系。明确政府及其有关部门介入后,企业内部指挥协调、配合处置,参与应急保障等工作任务和责任人	□符合 □部分符合 □不符合	例如政府及其有关部门介入后,环境应急指挥权的移交及其内部的调整
监测预警	17	建立企业内部监控预警方案	□符合 □部分符合 □不符合	根据企业可能面临事件情景,结合事件危害程度,紧急程度和发展态势,对企业内部预警级别,预警发布与解除,预警措施进行总体安排
	18	明确监控信息的获取途径和分析研判的方式方法	□符合 □部分符合 □不符合	监控安全事故等获得途径,例如极端天气监控监测信息等,分析研判的方式方法,例如根据相关信息进行分析研判等,结合企业自身实际进行分析研判

续表

		检查内容	环境应急预案文本	
监测预警	19	明确企业内部预警条件、预警等级、预警发布内容、责任人;信息发布、接收、调整、解除程序、责任人	□符合 □部分符合 □不符合	一般根据企业突发环境事件类型情景和自身的应急能力等,结合周边环境情况,确定预警等级,做到早发现、早报告、早发布;红色预警一般为企业自身力量难以应对;橙色预警一般为企业需要调集内部绝大部分力量参与应对;黄色、蓝色预警根据企业实际需求确定
	20	明确企业内部事件信息传递的责任人、程序、时限、方式、内容等,包括向协议应急救援单位传递信息的方式方法	□符合 □部分符合 □不符合	从事件第一发现人至事件指挥者人之间信息传递的方式、方法及内容,一般包括事件的时间、地点,涉及物质、简要经过,已造成或者可能造成的污染情况,已采取的措施等
信息报告	21	明确企业向当地人民政府及其环保等部门报告的责任人、程序、时限、方式、内容等,辅以信息报告格式规范	□符合 □部分符合 □不符合	从企业报告决策人、报告责人到当地人民政府及其环保部门负责人(单位)之间信息及内容,内容一般包括事件的时间、地点,涉及物质、简要经过,已造成或者可能造成的污染情况,请求支持的内容等
	22	明确企业向可能受影响的居民、单位通报的责任人、程序、时限、方式、内容等	□符合 □部分符合 □不符合	从企业通报决策人、通报负责人到周边居民、单位负责人,单位一般包括单位避险措施等事件已造成或者可能造成的污染情况,居民或单位负责人,通报信息传递的方式、方法及内容,内容一般包括

环境应急预案文本			
应急监测	23[c]	涉大气污染的，说明排放口和厂界气体监测的一般原则	□符合 □部分符合 □不符合	按照《突发环境事件应急监测技术规范》等有关要求，确定排放口和厂界气体监测一般原则，为针对具体事件情景制定监测方案提供指导；排放口为突发环境保护中污染物的排放出口，包括按照相关环境保护标准设置的排放口
	24[c]	涉水污染的，说明废水排放口、雨水排放口、清净下水排放口等可能外排放渠道监测的一般原则	□符合 □部分符合 □不符合	按照《突发环境事件应急监测技术规范》等有关要求，确定可能外排渠道监测的一般原则，为针对具体事件情景制定方案提供指导
	25	监测方案一般应明确监测项目、采样（监测）人员、监测设备、监测方案、监测频次等	□符合 □部分符合 □不符合	针对具体事件情景制定监测方案
	26	明确监测执行单位；自身没有监测能力的，说明协议监测方案，并附协议	□符合 □部分符合 □不符合	自身没有监测能力的，应与当地环境监测机构或其他机构衔接，确保能够迅速获得环境检测支持
应对流程和措施	27[b]	根据环境风险评估报告中的风险分析和情景构建内容，说明应对流程和措施，体现：企业内部整制判污染源-研判污染源-制污染扩散-污染处置应对流程和措施	□符合 □部分符合 □不符合	企业内部应对突发环境事件的原则性措施
	28[b]	体现必要的企业外部应急措施，配合当地人民政府应急措施及应对当地人民政府应急措施的建议	□符合 □部分符合 □不符合	突发环境事件可能或已经对企业外部环境产生影响时，企业在外部可以采取的原则性措施，对当地人民政府的建议性措施

续表

		环境应急预案文本		
应对流程和措施	29[c]	涉及大气污染的，应重点说明受威胁范围，组织公众避险的方式方法的，涉及疏散的一般应辅以疏散路线图；如果装备有风向标，应配有风向标分布图	□符合 □部分符合 □不符合	避险的方式包括疏散、防护等，说明避险措施的原则性安排
	30[c]	涉及水污染的，应重点说明处置污染物的方式方法，封堵、处置污染物的方式方法，适当延伸至企业外防控方式方法；配有废水、雨水、清净下水管网及重要阀门设置图	□符合 □部分符合 □不符合	说明整制水污染的原则性安排
	31[b]	分别说明可能的事件情景及应急处置方案，明确相关岗位人员采取措施的时间、地点、内容、方式、目标等	□符合 □部分符合 □不符合	按照以上原则性措施，针对具体事件情景，按岗位细化各项应对措施，并纳入岗位职责范围
	32[b]	将应急措施细化、落实到岗位，形成应急处置卡	□符合 □部分符合 □不符合	关键岗位的应急处置卡无遗漏，事件情景特征、处置步骤、应急物资、注意事项等叙述清晰
	33	配有厂区平面布置图，应急物资表/分布图	□符合 □部分符合 □不符合	
应急终止	34[c]	结合本单位实际，说明应急终止的条件和发布程序	□符合 □部分符合 □不符合	列明应急终止的基本条件，明确应急终止的决策、指令内容及传递程序等

续表

			环境应急预案文本		
事后恢复	35	说明事后恢复的工作内容和责任人,一般包括:现场污染物的后续处置;环境应急相关设施、设备、场所的维护;配合开展环境损害评估、赔偿、事件调查处理等	□符合 □部分符合 □不符合		《突发事件应急预案管理办法》强调应急预案重在"应对",适当向后延伸至"恢复",即企业从突发环境事件应对的"非常规状态"过渡到"常规状态"的相关工作安排
保障措施	36	说明环境应急预案涉及的人力资源、财力、物资以及其他技术、重要设施的保障	□符合 □部分符合 □不符合		对各类保障措施进行总体安排
预案管理	37	安排有关环境应急预案的培训和演练	□符合 □部分符合 □不符合		对预案培训、演练进行总体安排
	38	明确环境应急预案的评估修订要求	□符合 □部分符合 □不符合		对预案评估修订进行总体安排
			环境风险评估报告		
风险分析[c]	39	识别出所有重要的环境风险物质;列表,至少列出重要环境风险物质的名称、数量(最大存在总量)、位置,所在装置;环境风险物质数量大于等于临界量的,辨识重要环境风险单元	□符合 □部分符合 □不符合		对照企业突发环境事件风险评估相关文件,识别出所有重要的物质;对于数量大于临界量的,应辨识环境风险物质在企业哪些环境风险单元中分布
	40	重点核对生产工艺、环境风险防控措施各项指标的赋值是否合理	□符合 □部分符合 □不符合		按照企业突发环境事件风险评估相关文件的赋分规则审查

续表

			环境风险评估报告	
风险分析c	41	环境风险受体类型的确定是否合理	□符合 □不符合	按照企业突发环境事件风险评估相关文件的受体划分依据审查
	42	环境风险等级划分是否正确	□符合 □不符合	按照企业突发环境事件风险评估相关文件审查
	43	列明国内外同类企业的突发环境事件信息,提出本企业可能发生的突发环境事件情景	□符合 □部分符合 □不符合	列表说明事件的日期、地点、引发原因、事件影响等内容,按照企业突发环境事件风险评估相关文件,结合企业实际列出事件情景
	44	源强分析,重点分析释放环境风险物质的种类、释放速率、持续时间	□符合 □部分符合 □不符合	针对每种典型事件情景进行源强分析,分析释放环境风险物质从释放受体,至少包括释放环境风险物质的种类、释放速率、持续时间(可以参考《建设项目环境风险评价技术导则》
情景构建	45	释放途径分析,重点分析环境风险物质从释放源头到受体之间的过程	□符合 □部分符合 □不符合	对于可能造成水污染的,分析影响到厂界外,最终可能造成大气污染的,分析从泄漏源头释放到受体的路径;对于可能造成大气和水能的路径,经厂界内到厂界外,释放到受体的路径
	46	危害后果分析,重点分析环境风险物质的影响范围和程度	□符合 □部分符合 □不符合	针对每种情景的重点环境风险物质,计算浓度分布情况,说明影响范围和程度
	47	明确在最坏情景下,大气环境风险物质、水环境风险物质影响最近距离内的人口数量及位置等,环境敏感目标的数量及位置等信息,并附有相关示意图	□符合 □部分符合 □不符合	针对最坏情景的计算结果,列出受影响的大气和水环境保护目标,附图示说明

				环境风险评估报告
完善计划	48	分析现有环境风险防控与应急措施所存在的差距,制定环境风险防控整改完善计划	对现有环境风险防控与应急措施的完备性、可靠性和问题,找出差距,分别制定短期、中期和长期项目,分别制定完善的环境风险防控的短期、中期和长期项目的实施计划和应急措施的实施计划	□符合 □部分符合 □不符合
				环境应急资源调查报告(表)
调查内容	49	第一时间可调用的环境应急队伍、装备、物资、场所	重点调查可以直接使用的环境应急资源,包括:专职和兼职应急队伍;自储、代储、协议储备的环境应急装备;自储、代储、协议储备环境应急物资;应急处置场所,应急指挥场所。预案中的应急措施使用的环境应急资源与现有资源一致	□符合 □部分符合 □不符合
调查结果	50	针对环境应急资源清单、抽查数据的可信性	通过逻辑分析、现场抽查等方式对调查数据进行查验	□符合 □部分符合 □不符合
合　计		—	—	

评审人员(签字):

评审日期:　　年　月　日

注:1. 符合,指的是评审专家判定某一项指标所涉及的内容能够反映制定环境应急预案的企业开展了该项工作,且工作全面、深入、质量高;部分符合,指的是评审专家判定企业开展了该项工作,但工作不全面、不深入或质量不高;不符合,指的是评审人员判定企业未开展该项工作,或工作有重大疏漏,流于形式或质量差。

2. 赋分原则:"符合"得2分、"部分符合"得1分、"不符合"得0分;其中标注a的指标得分按"符合"得1分、"部分符合"得0.5分、"不符合"得0分,标注b的指标得分按"符合"得3分、"部分符合"得1.5分、"不符合"得0分。

3. 指标调整:标注c的指标不计分,评审组可以对不适用的部分指标或项目中的部分指标进行调整。

4. "一票否决"项不计入评审得分。

5. 指标说明仅供参考。

附表 12-2　　　　（企业事业单位名称）　　**突发环境事件**
应急预案评审意见表

评审时间：＿＿＿＿＿＿＿＿＿＿ 地点：＿＿＿＿＿＿＿＿＿＿	
评审方式：□函审，□会议评审，□函审、会议评审结合，□其他	
评审结论：□通过评审，□原则通过但需进行修改复核，□未通过评审	
评审过程： 总体评价：	
问题清单：	
修改意见和建议：	
评审人员人数：＿＿＿＿＿＿ 评审组长签字：＿＿＿＿＿＿ 其他评审人员签字：＿＿＿＿＿＿＿＿＿＿＿＿ 企业负责人签字：＿＿＿＿＿＿＿＿＿＿＿＿ 　　　　　　　　＿＿＿＿＿年＿＿＿＿月＿＿＿＿日	

附：定量打分结果和各评审专家评审表。

附表 12-3 _____（企业事业单位名称）_____ **突发环境事件**
应急预案修改说明表

序号	评审意见	采纳情况	说　明	索引
1				
2				
3				
...				

复核意见：

评审组组长签名：

_____年_____月_____日

注：1. "说明"指说明修改情况，辅以必要的现场整改图片。

　　2. "索引"指修改内容在预案中的具体体现之处。

附录十三 流域突发水污染事件
环境应急"南阳实践"实施技术指南

1 总则

1.1 适用范围

本指南适用于指导各地开展"南阳实践",明确了"找空间""定方案"和"抓演练"具体实施步骤、方法与成果。

"南阳实践"实施河流(河段)名单由各省级生态环境部门确定。实施范围包括行政区域内河流(河段)干流及其一、二级支流,可延伸至三级支流。支流涉及重要环境敏感目标的,应单独纳入实施河流(河段)名单。

1.2 编制依据

《中华人民共和国环境保护法》;

《中华人民共和国水污染防治法》;

《突发事件应急预案管理办法》(国办发〔2013〕101 号);

《突发环境事件应急管理办法》(环境保护部令第 34 号);

《行政区域突发环境事件风险评估推荐方法》(环办应急〔2018〕9 号)。

1.3 术语定义

1.3.1 环境应急空间与设施

指在水污染事件发生时可用于储存受污染水体,以及便于实施截流、引流、投药、稀释等处置措施的空间与设施,包括 11 种类型,分别是水库、湿地、坑塘、闸坝、引水式电站、坝式水电站、干枯河道、江心洲型河道、桥梁、临时筑坝点、其他设施。

1.3.2 水库

指拦洪蓄水和调节水流的水利工程建筑物,可以用来灌溉、发电、防洪和养鱼等。

1.3.3 湿地

指地表过湿或经常积水,生长湿地生物的地区。

1.3.4　坑塘

指面积在 1000 平方米以上或容量在 1000 立方米以上的水塘、坑、景观池、人工湖等。

1.3.5　闸坝

指为调节水位、引水灌溉而建立的水利设施，多见于周边有农田或耕地的小型河流上。

1.3.6　引水式电站

指河流坡降较陡、落差比较集中的河段，以及河湾或相邻两河河床高程相差较大的地方，利用坡降平缓的引水道引水而与天然水面形成符合要求的落差（水头）发电的水电站。

1.3.7　坝式水电站

指筑坝抬高水头，集中调节天然水流，用以生产电力的水电站。

1.3.8　干枯河道

指河道由于自然或人工的影响改变走向后遗留的干枯河床。

1.3.9　江心洲型河道

指在河道中存在一个相对孤立的洲或岛屿的河段。

1.3.10　桥梁

指跨越河道的桥梁，高速公路、铁路跨河桥梁除外。

1.3.11　临时筑坝点

指在河道较窄（一般河宽小于 200 米）、便于施工筑坝且交通便利的点位。

1.3.12　河流

指降水或由地下涌出地表的水汇集在地面低洼处，在重力作用下经常地或周期地沿流水本身造成的洼地流动。

1.3.13　其他设施

指环境应急物资库等。

1.3.14　重点环境风险源

指较大及以上环境风险等级的企业和其他可能对生态环境造成重大影响的企业与设施等。

2 "找空间"技术要点

通过资料收集、影像分析和现场踏勘，建立"南阳实践"基础信息清单，汇总整理成 Excel 电子表格。

一是资料收集，调查收集流域内（河道收水范围内）重点环境风险源、环境敏感目标、水文水系、水环境功能及水质目标、环境应急空间与设施等基础资料并进行分析。

二是影像识别，利用遥感卫星影像，通过地图软件等工具，识别出流域内需调查的环境应急空间与设施。

三是现场踏勘，对重点环境应急空间及设施开展现场调查，核实并采集现场照片和相关数据。

2.1 资料收集

2.1.1 主要方法

会同公安、自然资源、交通、水利等部门收集相关资料。清单参见附表 13-1。

附表 13-1 "南阳实践"基础资料收集清单

资料类别	资料内容	资料来源
环境风险源资料	流域内"一废一库一品"等重点环境风险企业清单（含企业名称、地址、正门经纬度、行业、主要环境风险物质等信息）	生态环境部门
	流域内危险化学品运输路线（道路、管道、航线）资料（矢量数据等）	交通运输部门 公安机关 管道主管部门
环境敏感目标资料	流域内县级及以上集中式地表水饮用水水源地基本信息（含名称、经纬度、级别等信息）和跨国界、省界断面，以及自然文化资源保护区、国家重点生态功能区、水功能区划、重点风景名胜区及其他生态保护红线划定或具有生态服务功能的环境敏感区	生态环境部门 自然资源部门
水文水系	流域干、支流近 3 年水文资料（含丰、平、枯不同水期的平均流量、流速数据）、流域河湖名录、一河一档资料	水利部门 生态环境部门

续表

资料类别	资料内容	资料来源
环境应急空间与设施	流域内水库、湿地、坑塘、闸坝(含拦河闸、泵站、橡胶坝、滚水坝)、引水式电站、坝式水电站、干枯河道、江心洲型河道、桥梁、临时筑坝点、其他设施(名称、中心经纬度等信息)	水利部门 自然资源部门
	政府(部门)建设的环境应急物资库等基础数据(含名称、经纬度、主要环境应急物资等信息)	生态环境部门
	河流断面自动监测站和水文站点信息	生态环境部门 水利部门

注：基础资料中经纬度要求为十进制小数点后 6 位的精度要求。

完成资料收集后，汇总整理建立如下清单（Excel 电子表格）：

（1）环境应急空间与设施清单（见附表 13-3）；

（2）重点环境风险源清单（见附表 13-4）；

（3）环境敏感目标清单（见附表 13-5）；

（4）河流基础信息表（见附表 13-6）。

2.2　影像识别

2.2.1　主要方法

（1）识别范围

河道及两岸各 1 公里范围内。

（2）识别步骤

① 采用天地图影像地图作为底图。

② 导入资料收集阶段环境应急空间与设施清单点位经纬度信息。

③ 通过影像识别，核对、补充、完善环境应急空间与设施清单。

2.3　现场踏勘

2.3.1　主要方法

（1）制定踏勘方案

对重点环境应急空间与设施的类型、地点、使用状态、容量等信息进行现场核实，并采集现场照片，将现场照片与信息录入生态环境部环境应急管理平台。开展现场踏勘前需制定方案，明确范围、点位、内容、计划、成果等。

（2）踏勘内容

① 采用天地图影像地图作为底图进行现场定位，核实经纬度、容量、使用状态等信息。

② 相机拍照。尽量包括全景和近景照片，每个点位不超过 3 张。

③ 无人机航拍。有条件的，对水库、大型闸坝、水电站、大型湿地等点位可使用无人机航拍全景，每个点位 1 张。

2.4 形成工作成果

与水利部门等相关人员进行访谈交流，进一步核实、补充相关数据。可通过生态环境部环境应急管理平台或 APP，完成环境应急空间与设施清单中的各点位经纬度信息填报（数据录入教程见平台链接）。

3 "定方案"技术要点

3.1 编制流域"一河一策一图"环境应急响应方案

根据"南阳实践"基础信息清单，明确环境应急空间与设施建设或使用方法、运转方式，结合环境风险源分布等情况，确定突发环境事件情景，针对如何隔离拦截污染团、如何控制清水等问题，以地市级行政区域为单位编制流域"一河一策一图"环境应急响应方案（以下简称《响应方案》）。《响应方案》主要包括编制说明、流域水系及敏感点分布图、流域重点环境风险源分布图、流域环境应急空间与设施分布图、流域环境应急空间与设施使用说明等 5 部分内容。

涉及跨市界河流的，由省级生态环境部门协调指导上下游地区做好"一河一策一图"环境应急响应方案编制。

3.2 环境应急空间与设施使用原则与主要方法

3.2.1 使用原则

（1）拦污截污

发现河水受到污染后，通过查询上下游环境应急空间与设施、环境敏感目标等信息，第一时间就近利用闸坝、电站或临时筑坝点截断污染团、拦截清水，减轻截污压力，降低污染团推移速度。

（2）分流引流

在应急处置中，应充分利用闸坝沟渠等"分流、引流"作用，实现清污分离。"分流"主要指分流清水，即通过支汊河道、排水管道及其他连通水道将清水分流，绕开事故点或污染团。"引流"指引流污水，即将污染团从流动水域引流至封闭场所，以便处理处置。

（3）调蓄降污

调度流域水资源，合理利用河流自净及稀释能力，降低污染物浓度，必要时利用沿程拦河闸坝、桥梁等设施或临时筑坝，建设应急处置点，采用物理、化学等方法削减污染物。

3.2.2 主要方法

根据 3.2.1 中的使用原则，确定流域 11 种类型的环境应急空间与设施使用主要方法，见附表 13-2。

附表 13-2　环境应急空间与设施使用主要方法简介

类型	主要功能	主要方法
水库	调蓄、拦截、处置	1. 调度清水，稀释污染团； 2. 事故点下游落闸拦截污染团，降低污染团推移速度，争取应急处置时间； 3. 事故点上游水库落闸拦截清水，减轻下游截污压力； 4. 依托水库拦河坝，建立应急投药处置点，进行工程削污
湿地	截留、处置	1. 利用湿地的空间储存污水； 2. 利用湿地的自净能力或建立投药点等，削减污染物。
坑塘	截留、处置	1. 通过泵抽或者沟渠自流的方式将河道中污染团截留在坑塘内，减轻河道污染负荷； 2. 作为处置点，削减污染物
闸坝	拦截、引流、处置	1. 落闸拦截污染团，降低污染团推移速度； 2. 利用闸坝连通的灌渠等引流污水； 3. 利用闸坝建立投药处置点，进行工程削污
引水式电站	分流、引流	1. 通过电站引水渠引流蓄污并通过河道分流清水； 2. 在电站坝下筑坝蓄污并通过电站引水渠分流清水
坝式水电站	拦截、处置	1. 落闸拦截污染团，降低污染团推移速度； 2. 利用闸坝建立投药处置点，进行工程削污

续表

类型	主要功能	主要方法
干枯河道	分流、处置	1. 利用干枯河道分流清水,实现清污分离; 2. 利用干枯河道引流污水,并适时在河道交汇处筑坝,临时储存、处置污水
江心洲型河道	分流、处置	1. 事故点位置的江心洲型河道,可在江心洲上下两端建坝,构建堰塞湖,隔离污水,分流清水; 2. 在堰塞湖进行处置,削减污染物浓度
桥梁	处置	利用跨河桥梁建立处置点,削减污染物
临时筑坝点	拦截、处置	1. 拦截污染团,降低污染团推移速度; 2. 建立投药处置点,进行工程削污
其他设施	处置	环境应急物资库保障物资、装备供应

4 "抓演练"技术要点

"抓演练"即通过分阶段、分层次演练,对《响应方案》的可操作性进行检验,包括环境应急空间与设施实际存水量是否准确、污水是否能够引进去、运转方式是否有效,人员队伍、施工材料、设备机械等是否能够保障。

4.1 演练准备

4.1.1 确定演练目标

一般包括:检验环境应急空间及设施实际存水量是否准确、污水是否能够引进去、运转方式是否有效、"临时应急池"能不能快速建成。

查找资源方面的可能缺口,摸清人员队伍、施工材料、设备机械等资源从哪里调用、如何调用,查漏补缺。

提高参演人员对《响应方案》的熟悉程度和履行相关任务的能力,促进各种设施装备作用改进。

完善应急管理协调和管理程序,对《响应方案》实施相关单位和人员的职责任务进行推演,理顺工作关系,完善应急机制。

提高公众对应急的认识,增加公共安全意识和参与经验。

4.1.2 分析演练需求

分析需要参与的演练人员、需演练的技能、需检验的设施装备、需完善的应急处置流程、需进一步明确的职责等，确定演练内容，包括指挥与协调、现场处置、监测预警、应急通信、信息报告、信息发布、后期处置等。

4.1.3 确定演练方式

确定演练事件类型和级别，演练地点和方式等。在《响应方案》制定过程中，可以采取讨论式桌面演练、研究性演练等方式；《响应方案》确定后，可以采取行动式桌面演练、实战演练等方式。可以组织多个单项演练或者一个综合演练，进行检验性演练或示范性演练。

4.1.4 安排演练准备与实施的日程计划

确定各种演练文件编写与审定期限、物资装备准备期限、演练实施日期等。

4.1.5 编制演练经费预算

提前做好演练计划，申请纳入政府财政预算，落实资金保障。

4.2 演练组织

以综合应急演练为例。应成立演练领导小组，可下设演练设计组、导演组、评估组、保障组、安全组等，分工组织演练工作，编制演练方案、演练控制指南、演练人员手册，制定演练评估方案。

4.2.1 编制演练计划和方案

印发通知，明确《响应方案》演练的组织架构，通知相关单位参与演练工作任务。组织编制演练方案，确定具体事件情景和发展过程。演练应根据演练地点及周围有关情况，基于《响应方案》和真实案例，并考虑可能存在的公众影响、不利气象条件、通信等系统或设备故障等问题，对演练进行所需的支持条件加以说明。

4.2.2 编制演练脚本

组织专班编制演练脚本，主要内容应包括：模拟突发环境事件情景、处置行动与执行人员、指令与对白、步骤及时间安排、视频背景与字幕、演练解说词等。演练脚本要明确发生突发事件时，启动环境应急预案，组建应对工作机构并迅速投入运作，确认突发事件的状态并适时向公众公布，查明事件原因并制定实施应对方案等内容。

4.2.3　编制演练控制指南

将演练背景、时间、地点、人员、目的和指标、事件介绍、控制及保障分工、记录和演练现场图等，以清单方式明确说明。

4.2.4　编制演练人员手册

为参演者提供具体信息、程序的文件。

4.2.5　编制演练评估方案

明确评估活动和内容，应包括演练评估行动管理；评判员培训和工作指导材料；观摩评估演练活动的程序和方法；跟踪演练指标完成情况的程序和方法；记录与评判演练人员应对行动程序和方法；列出必要的演练表格清单，包括填写和准备指导等。

4.3　演练实施

4.3.1　熟悉演练任务和角色

各参演单位和参演人员熟悉各自参演任务和角色，并按照演练方案要求组织开展相应的演练准备。

4.3.2　组织预演

在综合应急演练前，演练组织单位或策划人员可按照演练方案或脚本组织桌面推演或合成预演，熟悉演练实施过程各个环节。

4.3.3　安全检查

确认演练所需工具、设备、设施、技术资料以及参演人员到位。对应急演练安全保障方案以及设备、设施进行检查确认，确保安全保障方案可行，所有设备、设施完好。

4.3.4　应急演练

应急演练总指挥下达演练开始指令后，参演单位和人员按照设定的事故情景，实施相应的应急响应行动，直至完成全部演练工作。

4.3.5　演练评估

演练过程中，评估人员应准确记录并收集指标完成情况，认真填写记录表格，为评估演练效果做数据准备。

通过分阶段、分层次应急演练，查找《响应方案》存在的逻辑关系、组织机制、资源保障等方面的问题，完善《响应方案》并推动方案落地。《响应方案》制定后，推动纳入政府预案体系，确保方案有人指挥、有人组织、有人实施、有人保障，并根据实践动态调整和完善。

附表 13-3 环境应急空间与设施资料清单

序号	河流名称	类型	中心经度	中心纬度	使用状态（可用/不可用）	容量/10⁴ m³	主要环境应急物资	备注

注：1. 经纬度要求为十进制小数点后 6 位的精度要求。

2. 容量一栏，水库类型的采用可调节库容数据，其他类型的根据现场采集数据填写，如无容量信息的桥梁、江心洲型河道、干枯河道等类型则无须填写。

附表 13-4 重点环境风险源清单

一、	"一废一库一品"等重点环境风险企业清单						
序号	区县	企业名称	地址	行业	正门经度	正门纬度	主要环境风险物质
1							
2							
...							
二、	危险化学品运输路线						
序号	名称	类型(公路、管道、航线)	编号	起点经度	起点纬度	终点经度	终点纬度
1							
2							
...							

注：1. 经纬度要求为十进制小数点后 6 位的精度要求。

2. 危险化学品运输路线同时提供矢量数据或路线图片。

附表 13-5 环境敏感目标清单

序号	类型	名称	中心经度	中心纬度	备注
1					
2					

注：1. 经纬度要求为十进制小数点后 6 位的精度要求。

2. 类型分为流域内县级及以上集中式地表水饮用水水源地基本信息（含名称、经纬度、级别等信息）和跨国界、省界断面，以及自然文化资源保护区、国家重点生态功能区、水功能区划、重点风景名胜区及其他生态保护红线划定或具有生态服务功能的环境敏感区以及河流水质监测自动监测站和水文站点。

附表 13-6 河流基础信息表（示例）

序号	水系名称	水系简称	河流/河段名称	河流/河段别名	河流/河段简称	起始地点	起点经度	起点纬度	终点地点	终点经度	终点纬度	长度/km	水功能区	目标水质	当前水质	丰水期平均流速/(m/s)	丰水期平均流量/(m³/s)	平水期平均流速/(m/s)	平水期平均流量/(m³/s)	枯水期平均流速/(m/s)	枯水期平均流量/(m³/s)
1	韩江	HJ	西溪梅溪河	中坝水	XXMX	至村	110.237369	24.777023	至村	110.321547	24.678259	10.5	饮用水源区、农业用水区	II	II	1.2	100	0.6	80	0.2	30
2																					
3																					

注：经纬度要求为十进制小数点后 6 位的精度要求。